中国高校艺术专业技能与实践系列教材

产品材料与工艺

CHANPIN CAILIAO YU GONGYI

余思柳　邹红媛 ◆ 主　编
肖忠文　姜　明 ◆ 副主编

U0273888

人民美術出版社

北京

图书在版编目（CIP）数据

产品材料与工艺 / 余思柳，邹红媛主编；肖忠文，姜明副主编. -- 北京：人民美术出版社，2024. 9.

（中国高校艺术专业技能与实践系列教材）. -- ISBN 978-7-102-09439-7

Ⅰ．TB3

中国国家版本馆CIP数据核字第20246HU834号

中国高校艺术专业技能与实践系列教材

ZHONGGUO GAOXIAO YISHU ZHUANYE JINENG YU SHIJIAN XILIE JIAOCAI

产品材料与工艺
CHANPIN CAILIAO YU GONGYI

编辑出版　人民美术出版社

（北京市朝阳区东三环南路甲3号　邮编：100022）

http://www.renmei.com.cn

发行部：（010）67517611

网购部：（010）67517604

主　　编　余思柳　邹红媛

副主编　肖忠文　姜　明

责任编辑　胡晓航

装帧设计　茹玉霞

责任校对　李　杨

责任印制　胡雨竹

制　　版　北京字间科技有限公司

印　　刷　天津裕同印刷有限公司

经　　销　全国新华书店

开　本：889mm×1194mm　1/16

印　张：12.5

字　数：150千

版　次：2024年9月　第1版

印　次：2024年9月　第1次印刷

ISBN 978-7-102-09439-7

定　价：78.00元

如有印装质量问题影响阅读，请与我社联系调换。（010）67517850

序　言
FOREWORD

　　常记得著名美学家朱光潜先生的座右铭："此身、此时、此地。"朱老先生对这句话的解读，朴素且实在：凡是此身应该做且能够做的事情，绝不推诿给别人；凡是此刻做且能做的事情，便不推延到将来；凡是此地应该做且能够做的事，不要等未来某一个更好的环境再去做。在当代高职教育人的身上，我亦深深感受到了这样的勤勉与担当。作为与中华人民共和国一同成长起来的新时代职教人，于教材创新这件事，他们觉得能做、应该做、应该现在做。

　　情怀和梦想之所以充满诗意，往往因为它们总是时代的一个个注脚，不经意就照亮了人间前程。中华人民共和国的高职教育，历经改革开放40多年的发展，在新时代的伊始，亦明晰了属于自己的诗和远方。"双高"计划的出台，其意义不仅仅是点明了现代高职教育高质量发展的道路，更是几代人"大国工匠"的梦想一点点地照进现实的写照。

　　时光迈入新世纪第二个十年，《国家职业教育改革实施方案》《关于实施中国特色高水平高职学校和专业建设计划的意见》等政策文件的发布，吹响了中国现代职业教育再攀高峰的号角。教材是教学之本，教育活动中，各专业领域的知识与技术成果最终都将反映在教材上，并以此作为媒介向学生传播。由此观之，作为国家"三教改革"重点领域之一的教材，其重要性不言而喻。依据什么原则筛选放入教材内容、应该把什么样的内容放入教材、在教材中如何组织内容，这是现代高等职业教育教材编制的经典三问。而"中国高校艺术专业技能与实践系列教材"则用"项目化""模块化""立体化"三个词，完美回答了这一系列灵魂拷问。在高质量发展成为当代高等职业教育生命线的当下，"引领改革、支撑发展、中国标准、世界一流"成为高职教育者的新追求。桂元龙教授作为该系列教材编辑委员会的主任，带领编写团队秉持这一理念和追求，率先编写和使用这样一套高水平教材，作为他们对现代高等职业教育的思考和实践，无疑是走在了中国特色高等艺术设计职业教育的最前沿。"中国高校艺术专业技能与实践系列教材"诞生在这样的背景下，于我看来，这是对我们近40年中国特色高等职业教育最好的献礼。

　　这种思考和实践，无论此身、此时、此地，于这个时代而言，都恰到好处！

　　是为序。

中国工业设计协会秘书长

浙江大学教授、博士生导师

应放天

2022年7月20日于生态设计小镇

前 言
PREFACE

材料是产品设计的物质基础，掌握材料的性质以及材料成型工艺是设计的基本前提。本书作为工业设计领域的专业教材，其核心目的在于为学生、工程师及专业人士提供一个全面且深入的视角，以深入理解和掌握产品设计与制造过程中有关材料选择与加工工艺的关键知识。

本书内容紧扣当前产品材料与工艺设计的热点、难点与重点，系统地涵盖了产品材料的发展、材料与设计的概述，以及材料的美学基础。同时，本书深入剖析了金属、塑料、木材、陶瓷、玻璃和纸材等常用材料的特性及其成型工艺，旨在通过理论与实践的紧密结合，协助读者构建起一个完善的知识体系，并能在实际工作中灵活运用。

在编写过程中，我们特别强调以下几个方面：

实用性：本书紧密结合工业实践，书中提供了丰富的实例和案例分析，以帮助读者更深入地理解和应用所学知识。

前沿性：鉴于材料科学和加工技术的迅猛发展，本书尽可能地收录了最新的研究成果和技术进展，确保内容的时效性和前瞻性。

互动性：为了提升学习效果，本书配备了大量的图片和练习题，并引入了实践项目，鼓励读者进行主动学习和深入思考。其核心理念是将材料的运用视为一种创新的产品设计方法。

本教材由高等院校一线教学团队与行业企业专家联合编写，力求体现教材内容的新颖性和实用性。在编写过程中，我们精选了众多优秀案例和作品。如有涉及版权问题，请及时与我们联系。尽管我们已尽最大努力，但书中仍可能存在不足之处，诚挚希望专家和读者提出宝贵意见，以便我们不断改进和完善。

编者
2024 年 5 月

课程计划
CURRICULAR PLAN

部分	章 名	节内容	课时分配	
基础篇	第一章 产品材料的来源与发展	第一节　知识准备	1	2
		第二节　项目任务	1	
	第二章 产品材料的分类	第一节　知识准备	1	2
		第二节　项目任务	1	
	第三章 产品材料的加工工艺	第一节　知识准备	1	2
		第二节　项目任务	1	
实训篇	第四章　金属	第一节　金属材料概述	1	5
		第二节　金属材料的成型工艺	1	
		第三节　常用金属材料	1	
		第四节　项目实训——服务于电动自行车的周边产品设计	1	
		第五节　学生作品赏析	1	
	第五章　塑料	第一节　塑料概述	1	8
		第二节　塑料的成型工艺	1	
		第三节　塑料的二次加工	1	
		第四节　常用的塑料	1	
		第五节　项目实训——塑料创意生活用品设计	2	
		第六节　学生作品赏析	2	
	第六章　木材	第一节　木材概述	1	8
		第二节　木材的成型工艺	1	
		第三节　木制品的结构	1	
		第四节　常用的木材	1	
		第五节　项目实训——木材创意产品设计	2	
		第六节　学生作品赏析	2	

		第一节 陶瓷概述	1	
		第二节 陶瓷材料的性能	1	
	第七章 陶瓷	第三节 陶瓷的成型工艺	1	7
		第四节 项目实训——陶瓷文创产品设计	2	
		第五节 学生作品赏析	2	
		第一节 玻璃概述	1	
		第二节 玻璃材料的成型工艺	1	
	第八章 玻璃	第三节 玻璃的表面处理	1	7
		第四节 项目实训——玻璃创意家具设计	2	
实训篇		第五节 学生作品赏析	2	
		第一节 纸材概述	1	
		第二节 纸材的性能	1	
		第三节 纸材的加工方法	1	
	第九章 纸材	第四节 常见的纸质品	1	9
		第五节 设计与纸材	1	
		第六节 项目实训——绿色生态纸材包装设计	2	
		第七节 学生作品赏析	2	
		第一节 创新材料概述	1	
	第十章 创新材料	第二节 3D打印技术概述	1	6
		第三节 项目实训——产品概念设计	2	
		第四节 学生作品赏析	2	

内容提要
SUMMARY

　　《产品材料与工艺》详细讲解了产品材料的来源、发展、分类以及加工工艺，专注于各种材料在产品设计中的实际应用。全书共分为两部分：基础篇和实训篇。

　　基础篇介绍了产品材料的发展历史及其在设计中的重要性，探讨了材料的分类，包括加工度、物质结构和形态，并分析了材料的质感和美感等特质。通过项目任务，读者能够进一步理解和表达材料的美感特征。

　　实训篇深入探讨了金属、塑料、木材、陶瓷、玻璃和纸材等常用材料的特性及成型工艺。每一章不仅详细介绍了各类材料的加工方法和表面处理技术，还通过项目实训，例如电动自行车周边产品设计、塑料创意生活用品设计和木材创意产品设计等，帮助读者在实际操作中掌握材料的应用技巧。

　　此外，书中还涵盖了创新材料及其加工工艺，特别是3D打印技术，探讨了创新材料的定义、性能要求及其在产品设计中的应用，通过项目实训进一步探索产品概念设计的过程。

　　《产品材料与工艺》适合作为院校产品设计相关课程的教材，也可供设计从业人员自学参考。通过理论与实践相结合，帮助读者全面掌握产品材料与工艺的知识和技能。

目 录
CONTENTS

第一部分　基础篇

第二部分　实训篇

第一部分　基础篇

第一章　产品材料的来源与发展

第一节　知识准备

第二节　项目任务

第一章　产品材料的来源与发展

知识导入

问题1：下图中产品材料来自哪个时代？

问题2：看一看，查一查青铜器时代产品材料在产品中有哪些应用？

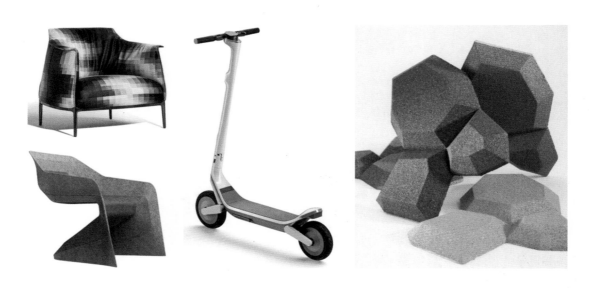

第一节　知识准备

一、产品材料的发展

纵观人类发展史，器物造型是随着造物需要而产生的，而造物需要又是与对材料的认识而同步发展的，从一定的角度上可以说人类的文明史就是材料的发展史，人类的设计史就是对材料的使用史。所以，人们通常以不同特征的材料来划分人类不同的历史时期，如石器时代、陶器时代、青铜器时代、铁器时代、高分子材料时代等，为人类文明的发展树起了一座座里程碑。

（一）石器时代

人类使用材料的历史可以上溯到250万年前的石器时代。在那个时代，我们的祖先为了抵御猛兽袭击和猎取食物，逐渐学会使用天然的材料，如木棒、石块等。这个时期被称为旧石器时代。在这个时期，出现了一批人工打制的石器石矢、石刀、石铲、石凿、石斧、石球等，这些是由一块较硬的石头砍砸另一块较软的石头而成的，因此被称为似砸器。尽管其形状既不规则又不固定，加工十分粗糙，但其加工的形状是人们所希望和需要的，这是人类制造的第一种原始材料。大约1万年前，更加精美的石器、陶器以及玉器的出现标志着新石器时代的开始。

（二）陶器时代

随着人类对火的利用，黏土被捏成各种形状，并在火中烧制成了各种土器和陶器。陶是人类第一种人工制成的合成材料。陶的出现，为保存和储藏粮食提供了可能，标志着人类从游猎生活进入农牧生活。代表器物有中国江西万年县出土的距今1万多年前的残陶碎片以及西安骊山出土的距今2000多年的秦兵马俑，如图1-1-1所示。

（三）青铜器时代

青铜器时代在古代中国、美索不达米亚平原和埃及等地都有出现。这个时代以其辉煌的文明而著名。据历史记载，人类最早在公元前8000年前后发现天然铜块，并开始使用它制作简单的工具和武器。到了公元前5000年前后，人类已经掌握了从铜矿石中提炼铜的技术。铜是人类早期使用的金属之一，对人类的文明发展有重大影响。

青铜，一种铜锡合金，是人类早期重要的合金之一。尽管不是第一种人类发明的合金，但其在古代文明中的应用极为广泛。中国的商代尤其以其精湛的青铜器冶炼和铸造技术著称，这一时期的青铜器在技术和艺术上都达到高峰。代表器物有商代晚期的司马戊方鼎，以及四川广汉三星堆出土的青铜人头像和青铜面具等（图1-1-2）。

（四）铁器时代

从铁矿石中人工冶炼铁的技术早在公元前1400年就开始了，由青铜过渡到铁是生产工具用材的重大发展。在中国，这一时期的代表器物有甘

图1-1-1　陶的应用

图1-1-2　青铜的应用

肃灵台县出土的春秋早期铜柄铁剑，以及湖北大冶市的战国时期古矿井内发现的铁、铁锤、铁砧、铁锄等工具。始于宋代嘉祐六年（1061年）的湖北炼铁技术和制造技术的发展，开创了人类文明的新时代，推动了现代工业革命的进程，并促进了人类历史上的四次技术革命，如图1-1-3所示。

（五）高分子材料时代

自1909年第一种人工合成的酚醛塑料发明以来，至今已110余年。到20世纪90年代初，塑料年产量已逾1亿吨，按体积计，已超过钢铁产量。因此，人们称这个时期为高分子材料时代。在此之前，直到20世纪50年代，以钢铁为代表的金属材料一直占据主导地位。随着无机非金属材料（尤其是特种陶瓷）、高分子材料及先进复合材料的出现和发展，高分子材料在当今社会的作用变得越发重要。

从年增长率看，塑料的增长远超过钢铁。20世纪40年代至80年代，塑料的平均年增长率为13.6%，而钢铁、木材和水泥的平均年增长率分别为5.7%、1.6%和6.4%。塑料的年增长率分别是钢铁、木材和水泥的2.4倍、8.5倍和2.1倍。

以汽车产业为例，从20世纪60年代开始在轿车上使用塑料件，到80年代其用量已接近120千克，汽车上的原材料结构组成比发生了很大的变化。因此，现今衡量一个国家综合实力的统计方法已经由以往用钢产量转变为用塑钢比。高分子材料造型能力强，可丰富产品的外观和种类，如图1-1-4所示。

（六）复合材料时代

随着时代的发展，单一材质的材料已无法满足高新技术发展的要求，复合材料便应运而生。复合材料是由高分子材料、无机非金属材料或金属材料等几类不同的材料通过复合工艺组合而成的新型材料。经过设计可以使各组分的性能互相补充并彼此关联，从而获得更优越的综合性能。在欧美等国家，一辆汽车上的复合材料已超过50千克，如法拉利等高级跑车的车身就是用复合材料制作的。在航空航天工业中，减轻自重可以使火箭、卫星、导弹等飞得更高、更远。例如，人造卫星的质量每减少1千克，就可使运载火箭的质量减少500千克；

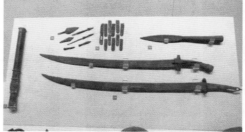

图1-1-3　铁的应用

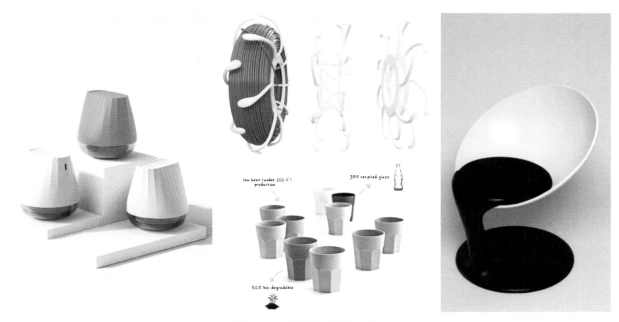

图 1-1-4　高分子材料的应用

喷气发动机的质量每减少1千克，飞机的质量可减轻4千克，升限可提高10米，而其工作温度每提高100℃，推动力就可提高15%。使用碳－碳复合材料的火箭与使用全金属材料的火箭相比，前者射程可远950千米。因此，有观点认为21世纪是复合材料的时代（图1-1-5）。

图 1-1-5　复合材料的应用

二、产品设计与材料

设计是人类为了自身的生存和发展而进行的一种造物活动。设计伴随着人们的历史漫长而久远，它几乎与人类的生活史同样悠久。人们的设计多种多样，如建筑设计、机械设计、艺术设计等，而产品设计是指对工业生产的产品进行的规划设计。设计是收集信息、综合信息、创造新信息的过程，产品则是这一过程完成的最终结果。

产品设计是一种造型计划，是人们在生产中有意识地运用各种工具和手段将材料加工或塑造成可视的、可触及的、具有一定形状的实体，使之成为具有使用价值和商品特性的物质。材料是实现产品设计的载体。设计和材料是紧密相联、不可分割的。

产品设计虽然具有很强的艺术性，但它与纯艺术是不同的，纯艺术只是从美学角度出发，追求美和观赏性，而产品设计不仅追求美，还要有使用价值和商品特性，以及能实现工业化生产。

人类的造物活动满足了自身在物质与精神上的需要，同时达到与生存环境的协调。今天设计已渗透于人们生活的每个方面，人类的衣、食、住、行无不和设计的产品有关。设计正改善和影响着人类的生存状态和生活方式。图1-1-6所示为不同时代的器物。

人类的造物活动离不开材料。那么什么是材料呢？在地球表层覆盖着由岩石及矿物组成的自然物，这些就是构成材料的基本源头。我们可以将天

图1-1-6 不同时代的器物

然生成且未经加工的物质视作原料。这些原料经过加工处理后，产生的物质就称为材料。简而言之，材料是人类用来制造产品和工具的物质。在中国古代，造物有"物曲有利"的说法，即以各种物质材料，改变其形，偏重其利，制成器物。相对于自然物来说，造物就是以自然物为基础，或者改变其形态，如木材之于家具；或者改变其性质，如黏土之于陶器。现代化学的发展，拓宽了材料的领域。合成材料的制造，其实也是对自然物的利用。正是材料的发现、发明和使用，才使人类在与自然互动中不断进步，从而走出原始时代，达到今天科技高度发达的水平。

器物是时代的产物，映射着一个时代的文化、经济和生活方式，体现了新材料、新技术、新工艺的发展水平。科学技术的发展使材料的概念不断发生变化。早期的材料都是以自然物为主的原始材料，工业革命以后，出现了工业材料，如合成材料、半导体材料和塑料等，从根本上改变了人们对材料的直观感觉和体验。

第二节 项目任务

任务一：产品材料的发展

任务发布

人们通常以不同特征的材料来划分人类不同的历史时期。本任务以"石器时代""陶器时代""青铜器时代""铁器时代""高分子材料时代"为时间节点，通过问题引导，带领学生了解材料的发展过程。

任务分析

翻开历史，我们不难发现，设计的发展和材料的应用是相辅相成的。石器时代、陶器时代、青铜器时代、铁器时代、高分子材料时代，这些具有划时代意义的时间节点，都是以材料来命名的，随着科学技术的发展，材料科学也在不断发展，各种各样的有别于传统材料的新型材料也在不断涌现，材料的发展促进设计的腾飞，设计的发展引领人类生活方式的变迁。

任务实施

1.任务计划

各小组根据任务要求，制定工作计划。

2.获取信息

各小组自主收集相关材料，整理产品材料的发展脉络。

引导问题1：什么是产品材料？

引导问题2：石器时代与陶器时代的区别是什么？

引导问题3：青铜器时代的划时代意义是什么？

引导问题4：炼铁技术和制作技术的发展之间的关系是什么？对人类文明发展有何意义？

3.任务制作

通过前期的资料收集与整理，制作任务成果（文档、图片、PPT等）。

引导问题1：如何突出各时代的设计和材料特征？

引导问题2：阐述高分子材料时代、复合材料时代的发展史。

4.展示

各小组分别分享"产品材料"的历史故事。

任务总结

撰写课后感想，详细阐述对产品材料有哪些新的认识。

任务二：通过案例分享，阐述产品设计与材料的联系

任务发布

设计是人类文明的创造活动，设计是指人们为了达到一定的目的，从开始构思到确定一个可以实施的方案，并把这个方案用一定的手段表现出来的过程。通过设计案例分享，了解材料对设计的意义，并掌握材料在设计中的一般应用规律。

任务分析

设计可以是物质性的，也可以是精神性的。材料作为呈现设计的载体，二者的联系紧密。设计的功能是为人的需求服务的，而材料属性的多样性是

实现功能的重要因素，且具有一定的规律性。学生可从设计功能和材料的选择两方面着手，分析设计案例的材料应用规律。

任务实施

1.任务计划

各小组根据任务要求，制定工作计划。

2.获取信息

各小组自主观看资源库在线视频，并利用互联网工具查找相关资料。

引导问题1：产品设计为什么广泛地应用于人们的日常生活？

引导问题2：设计的实用性与艺术性之间的关系是什么？

引导问题3：设计发展与材料发展的关系是什么？

引导问题4：设计造型与产品材料的关系是什么？

3.任务制作

通过前期的资料收集与整理，从产品造型、功能、结构、材料等方面分析，阐释设计案例的创新性与美观性，并简述产品造型与材料、工艺的关系，制作设计PPT演示文案。

4.展示

图文或视频展示。

任务总结

请每位学生从任务的目标要求进行思考，进一步理解产品设计和材料在设计中的应用，并通过相关训练提高个人的学习能力和表达沟通能力。

第二章　产品材料的分类

第一节　知识准备

第二节　项目任务

第二章　产品材料的分类

知识导入

问题1：查一查天然材料都有哪些?

问题2：下图中的材料都具有哪些形态类别?

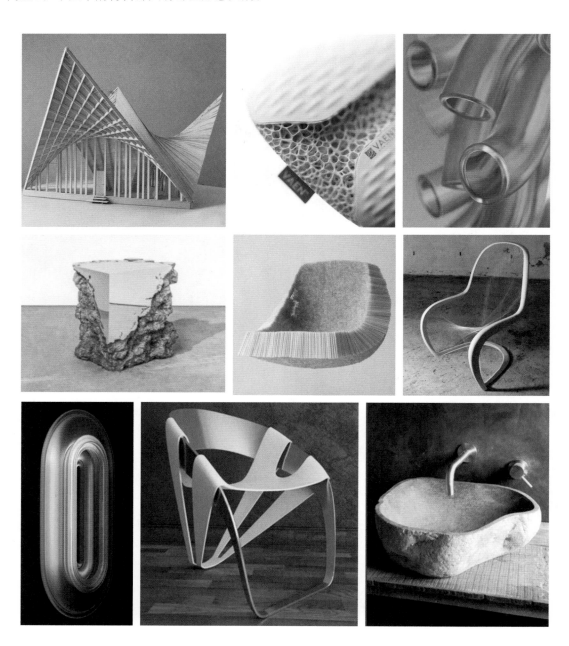

第一节　知识准备

一、产品材料的分类

产品设计所涉及的材料范围十分广泛，材料的分类方法也有很多，常用的分类有按材料的加工度来分、按材料的物质结构来分和按材料的形态来分。

（一）材料的加工度

1.天然材料

天然材料是指自然界中原本就有的未经加工或基本不加工就可直接使用的材料，如棉、麻、丝、毛、皮革、石、木材等，如图2-1-1所示。

2.加工材料

加工材料是指天然材料经过不同程度的加工而得到的中间产品或成品，如纸、水泥、金属、陶瓷、玻璃等。

3.合成材料

合成材料又称人造材料，是人为地把不同物质经化学方法或聚合作用加工而成的自然界中不存在的材料，其特质与原料不同，如塑料、合成纤维和合成橡胶等，产品设计中应用最多的合成材料是塑料，如图2-1-2所示。

4.复合材料

复合材料是指由两种或两种以上不同性质的材料，通过物理或化学方法，在宏观上组成具有新性能的材料。各种材料在性能上取长补短，产生协同效应，使复合材料的综合性能优于原组成材料，从而满足各种不同的要求，如图2-1-3所示。

（二）材料的物质结构

按材料的物质结构可分为金属材料、无机非金

图 2-1-1　天然材料

属材料、有机高分子材料（也称高分子材料）和复合材料。这种分类方法是依据化学结构的不同进行分类的。有些材料，如半导体材料和磁性材料介于金属材料与无机非金属材料之间，有机材料的应用也逐渐从天然材料改用有机高分子材料。

（三）材料的形态

产品材料为了使用和加工方便，往往事先加工成一定的形态，按材料的这些形态可分为以下几种，如图2-1-4所示。

1.颗粒材料

颗粒材料主要是指粉末或颗粒状等细小状材料。

2.线状材料

线状材料通常是指如管材、棒材、木条、金属丝、竹条、藤条等细而长的材料。

3.板状材料

板状材料是指面积比较大且厚度比较小的材

图 2-1-2　合成材料

图 2-1-3　复合材料

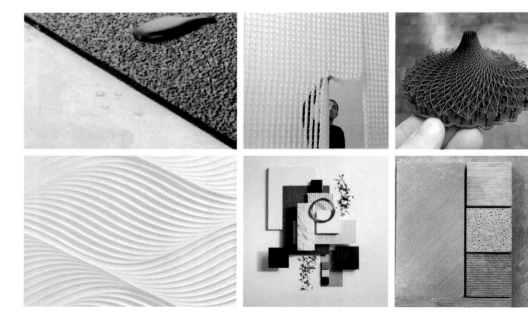

图 2-1-4　材料的形态

料，如金属板、木板、塑料板等。

4.块状材料

块状材料是指厚度比较大的材料，如石材、泡沫塑料、铸铁、石膏等。

二、产品材料的情感特质

形态感、色彩感和材质感是构成产品形态设计的三大基本感觉要素。相对于形态感和色彩感来说材质感更具有除视觉以外的触觉感受，是产品设计表现的另一个角度。材质感包括两个不同层次的概念：一是由物面的几何细部特征造成的形式要素——肌理；二是由物面的理化类别特征造成的内容要素——质地，如图2-1-5所示。

材质感具有两个基本属性：一是生理的属性，即材料表面作用于人的触觉和视觉系统的刺激性信息，如坚硬与柔软、粗犷与细腻、温暖与寒冷、粗糙与光滑、干燥与湿润等；二是物理的属性，即材料表面传达给人知觉系统的意义信息，也就是物体材料的类别、价值、性质、机能、功能等。

材料感觉特性按人的感觉可分为触觉材质感和视觉材质感，按材料本身的构成特性可分为自然材质感和人为材质感。

（一）材料的质感

1.触觉材质感

触觉材质感是人们通过手和皮肤触及材料而感知的材料表面特性，是人们感知和体验材料的主要感受。触觉是一种复合的感觉，由运动感觉与皮肤感觉组成，是一种特殊的反映形式。运动感觉是指对身体运动和位置状态的感觉；皮肤感觉是指辨别物体机械特性、温度特性或化学特性的感觉，一般分为温觉、压觉、痛觉等，如图2-1-6所示。

从物体表面对皮肤的刺激性来分析，根据材料表面特性对触觉的刺激性，触觉质感分为快适触感和厌恶触感。人们一般易于接受接触蚕丝质的绸缎、精加工的金属表面、高级的皮革、光滑的塑料和精美陶瓷釉面等，因为可以得到细腻、柔软、光洁、湿润、凉爽的感受，使人产生舒适、愉快等良好的官能快感。而对接触粗糙的物体、未干的油

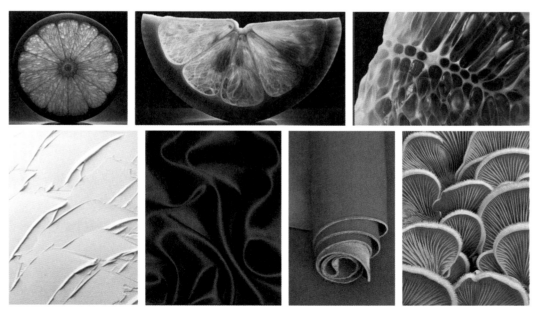

图2-1-5　材质感

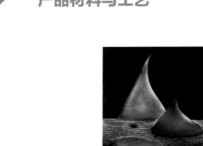

图 2-1-6　触觉材质感

漆、锈蚀的金属器件等会产生粗、黏、涩、乱、脏等不快心理，造成反感甚至厌恶不安的情绪。

触觉材质感与材料表面组织构造的表现方式密切相关。材料表面微元的构成形式，是使人皮肤产生不同触觉质感的主要原因。同时，材料表面的硬度、密度、温度、黏度、湿度等物理属性也是触觉不同反应的变量。表面微元的几何构成形式千变万化，有镜面的、毛面的；非镜面的微元又有条状、点状、球状、孔状、曲线、直线、经纬线等不同的构成，产生相应的触觉质感。

在现代工业设计中，运用各种材料的触觉质感，不仅使产品接触部位体现了防滑易把握、使用舒适等实用功能，而且通过不同肌理、质地材料的组合，丰富了产品的造型语言，同时给用户更多的新的感受。

2.视觉材质感

视觉材质感是靠视觉来感知材料表面特征的，是材料被视觉感受后经大脑综合处理产生的一种对材料表面特征的感觉和印象。

材料对视觉器官的刺激因其表面特性的不同而决定了视觉感受的差异。材料表面的光泽、色彩、肌理和透明度等都会产生不同的视觉质感，从而形成材料的精细感、粗犷感、均匀感、工整感、光洁感、透明感、素雅感、华丽感和自然感。

相对于人的触觉材质感，视觉材质感具有一定的间接性。因为材料的触觉感觉特性相对于人的视觉而言是较为直接的，大部分触觉感受可以经过人的经验积累转化为视觉的间接感受，所以对于已经熟悉的材料，即可根据以往的触觉经验通过视觉印象判断该材料的材质，从而形成材料的视觉材质感。因此，视觉材质感相对于触觉材质感具有间接性、经验性、知觉性和遥测性等特征，如图 2-1-7 所示。

3.自然材质感

材料的自然材质感是材料本身固有的质感，是材料的成分、物理化学特性和表面肌理等物面组织所显示的特征。例如，一块木头、一粒珍珠、一张兽皮、一块岩石都体现了它们自身特性所决定的材质感。自然材质感突出材料的自然特性，强调材料自身的美感，关注材料的天然性、真实性和价值性。

4.人为材质感

材料的人为材质感是人有目的地对材料表面进行技术性和艺术性加工处理，使其具有材料自身非固有的表面特征。人为材质感突出人为的工艺特性，强调工艺美和技术创造性。

随着表面处理技术的发展，人为材质感在现代设计中被广泛地运用，产生同材异质感和异材同质感，从而获得了丰富多彩的各种质感效果，如

图 2-1-7 视觉材质感

图2-1-8所示。

（二）材料的情感

产品的形态感、色彩感和材质感都是以作用于人的感官所获得的感性为依据的，在考虑产品材料的选择和运用上，对于人的感性考虑是非常重要的。因此，可以运用感性评价的方法对产品材料进行评价。图2-1-9所示为不同材质和工艺的产品，其表达的情感各不相同。

材料的感觉特性是材料给人的感觉和印象，是人对材料刺激的主观感受。材料的感觉特性是整体的，其构成的因素众多，举例如下。

（1）材料种类。材料的感觉特性与材料本身的组成和结构密切相关。

（2）材料成型加工工艺和表面处理工艺。材料的感觉特性除了与材料本身固有的属性有关，还与材料的成型加工工艺、表面处理工艺有关，常表现为同质异感和异质同感，如同一质地的花岗岩石材，不经任何加工处理的毛面花岗石，给人以朴实、自然、亲切、温暖的感觉，而表面经精磨加工的光亮花岗石，给人以华丽、活泼、凉爽的感觉。不同的材料呈现着不同的感觉特性；不同的加工方法和工艺技巧会产生不同的外观效果，从而获得不同的感觉特性。

（3）锻造工艺。锻造工艺充分利用了金属的延展性能，化百炼钢为绕指柔。特别是在锻打过程中产生的非常丰富的肌理效果，可圆、可方、可长、可短、可规则、可随意、可粗犷、可精细，忠实地保留下制作过程中情绪化的痕迹，具有强烈的个性化特征和浓厚的手工美。

图 2-1-8 自然材质感

图 2-1-9　不同材质和工艺的产品

（4）铸造工艺。铸造工艺良好的复写功能可精确地复制出纤细的叶脉、粗糙的岩石，甚至流动的液体，丰富了金属的表现范围。

（5）焊接工艺。焊接工艺是现代科技的产物，各种复杂的造型，均可通过焊接来完成。焊接不仅是实现造型、表达观念、倾诉情感的表述技艺，也是一种艺术的表现力。焊接后的锉平、抛光是一种工艺美，有意识地保留焊接的痕迹，能产生奇特的肌理美，从而丰富产品的艺术美感。

（6）铆接工艺。铆接工艺具有一种强烈的工业感和现代感。铆接的铆钉头整齐地排列，形成一种肌理变化。

（7）编织工艺。编织工艺是一种由纤维艺术发展而来的工艺，它将丝状材料按一定的方法编织在一起，可产生极富韵律和秩序感的肌理效果。

（8）车削工艺。车削后的材料表面有车削的连续纹理，有旋转感。

（9）磨削工艺。磨削后的材料表面精细光滑，富有光泽感。

（10）电镀工艺。电镀后的材料表面不仅能改变材料的表面性能，而且能使表面具有镜面般的光泽效果。

（11）喷砂工艺。喷砂工艺能使材料获得不同程度的粗糙表面、花纹和图案，通过光滑与粗糙、明与暗的对比给人以含蓄、柔和的美感。

（三）材料的美感

美感是人们通过感官接触事物时所产生的一种愉悦的心理状态，是人对美的认识、欣赏和评价。

产品材料的美感主要体现在色彩、肌理、光泽和质地等方面。

1.材料的色彩美

色彩是最富感性的设计元素，但色彩必须依附于材料这个载体，否则色彩将无法体现其灿烂炫目的魅力。同时色彩有衬托材质感的作用。材料色彩又分为固有色彩（自然色彩）和人为色彩。

材料的固有色彩（自然色彩）是产品设计中的重要因素，设计中必须充分发挥材料固有色彩的美感属性，而不能削弱和影响材料固有色彩美感功能的发挥。应运用对比、点缀等手法去加强材料固有色彩的美感功能，丰富其表现力。

材料的人为色彩是根据产品装饰需要，对材料进行着色处理，以调节材料本色，强化和烘托材料的色彩美感。在着色中，色彩的明度、纯度、色相可随需要任意推定，但材料的自然肌理美感只能加强，不能受影响，否则就失去了材料的肌理美感作用，是得不偿失的做法。孤立的材料色彩是不能产生强烈的美感作用的，只有按照色彩设计的规律将材料色彩进行组合和协调，才会产生明度对比、色相对比、面积效应以及冷暖效应等现象，突出和丰富材料的色彩表现力。图2-1-10所示为材料的不同色彩表现。

2. 材料的肌理美

肌理是在视觉或触觉上可感受到的一种表面材质效果，由天然材料自身组织结构形成，或者由人为组织材料形成。在产品设计中通过运用材料肌理的特点可以使产品的外观达到变化丰富、层次分明的视觉美感，同时可以起到功能暗示的语义作用。此外，通过对产品触觉肌理的体验还可以加强使用的舒适感。

自然肌理是材料自身所固有的肌理特征，它包括天然材料的自然形态肌理（如天然木材、石材等）和人工材料的肌理（如钢铁、塑料、织物等）。再造肌理是指通过材料表面的加工工艺形成的人为肌理特征，是材料自身非固有的肌理形式，通常是运用各种工艺手段改变材料原有的表面材料特征，形成一种新的表面材料特征，以满足产品设计的需要。

通过对产品材料表面肌理的设计和运用，能够引起人对其产生不同的心理反应，从而产生各种审美风格和个性。即使是同一类型的材料，经过不同的处理也会有明显的肌理变化，可具有粗犷、坚实、厚重的刚劲感，也可具有细腻、轻盈、柔和的通透感。这些丰富的肌理变化对产品造型美的塑造具有很大的潜力。

3. 材料的光泽美

视觉感受是人认知材料的主要方式，光泽美是人通过感觉折射于材料表面的光线而产生的美感。不同的材料表面可以对光的折射角度、强弱、颜色产生影响而使人得到不同的视觉效果，从而使人通过视觉感受，获得在心理、生理方面的反应，引起某种情感，产生某种联想，从而形成审美体验。通过对不同材料表面的不同加工与处理可以产生丰富多彩的光泽美感。根据材料的受光特征可分为透光

图2-1-10 材料的不同色彩表现

材料和反光材料。

透光材料受光后能被光线直接透射，呈透明或半透明状。这类材料常以反映身后的景物来削弱自身的特性，给人以轻盈、明快、开阔的感觉，如图2-1-11所示的几种透光材料。透光材料的动人之处在于它的晶莹，在于它的可见的天然质地性与阻隔性的心理不平衡状态，当一定数量的透光材料叠加时，其透光性减弱，但会形成一种朦胧的别样美感。

反光材料受光后按反光特征不同分为定向反光材料和漫反光材料。定向反光是指光线在反射时带有某种明显的规律性。定向反光材料一般表面光滑、不透明，受光后明暗对比强烈，高光反光明显，如抛光大理石面、金属抛光面、塑料光洁面、釉面砖等。这类材料因反射周围景物，自身的材料特性一般较难全面反映，给人以生动、活泼的感觉。漫反光是指光线在反射时反射光呈360°方向扩散。漫反光材料通常不透明，表面粗糙，且表面颗粒组织无规律，受光后明暗转折层次丰富，高光反光微弱，为无光或亚光，如毛石面、木质面、混凝土面、橡胶和一般塑料面等，这类材料则以反映自身材料特性为主，给人以质朴、随和、含蓄、安静、平稳的感觉。

4.材料的质地美

材料的美感除在色彩、肌理、光泽上体现出来之外，材料的质地也是材料美感体现的一个方面，并且是一个重要的方面。材料的质地美是由材料本身的固有特征所引起的一种赏心悦目的心理综合感受，易有较强的感情色彩。

材料的质地是材料内在的本质特征，主要由材料自身的组成、结构、物理化学特性来体现，主要表现为材料的软硬、轻重、冷暖、干湿、粗细等。例如，表面特征（光泽、色彩、肌理）相同的无机玻璃和有机玻璃，最具有相近的视觉质感，但其质地完全不同，分别属于无机材料和有机材料，具有不同的物理化学性能，所表现的触觉质感也不相同。质地不只是与材料有关的造型要素，它更具有材料自身的固有品格，一般分为天然质地与人工质地。

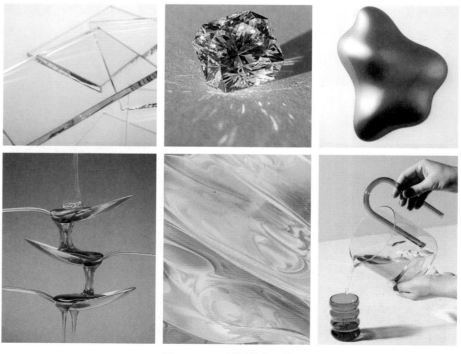

图2-1-11　材料的光泽美

➤ 第二节 项目任务

任务一：产品材料的美感特征分析

任务发布

感性是指人对物所持有的感觉或意象，具有人对物的心理上的期待感受。美感则是评价设计的一项重要指标，设计美感一方面来源于材料自身固有的物质特征，另一方面来源于对材料的合理利用以及精心的工艺加工。那么产品材料丰富多样的艺术质感是如何体现的呢？请查找产品的相关案例，从材料的质感、美感等角度分析该产品的美感特征。

任务分析

人们在接触事物的过程中，会由感官得到种种信息，如声、光、温度、湿度、味觉、触觉、机体觉、平衡觉以及美感、优雅、寂寞、骄傲等抽象的心理感觉体验。甚至还可以有想象的成分，如假想的嗅觉和听觉（花的开放、草的呢喃）等。这些都是由人的感觉系统因生理刺激对事物做出的反应，或者由人的知觉系统从事物中得出的信息。本任务为：通过列举设计案例，全方位分析产品材料的综合意象和感性认知。

任务实施

1.任务计划

各小组根据任务要求，制定工作计划。

2.获取信息

每小组自主观看资源库在线视频，并利用互联网工具查找相关资料。回答以下问题。

引导问题1：产品材料的设计分类有哪些？

引导问题2：材料质感的三大表现要素是什么？

引导问题3：为什么要进行材料的表现处理？

引导问题4：如何利用计算机软件表达产品材料的美学特质？

任务二：产品材料美感特征的表达

通过前期资料的收集与整理，小组成员展开讨论，分析产品材料的质感、肌理、装饰图案等，体验材料的性能特征，并思考如何利用计算机软件表达产品材料的美学特质。具体制作步骤如表2-2-1所示。

表2-2-1 材料美感特征的制作步骤

步骤	说明
步骤1：资料收集与整理	以小组为单位，将资料进行归拢，并通过小组讨论，对资料进行筛选
步骤2：产品材料的类别	• 将资料进行高度概括与提炼 • 从产品材料的不同类别分析材料的美学特征 • 逻辑清晰，分析到位
步骤3：计算机辅助设计	• 每位组员选择1~2款产品，进行效果图表现 • 总结材质贴图、纹理、灯光之间的关系 • 格式要求：以姓名＋工号（学号）＋作品名称进行命名，如张三＋20211001＋玻璃镀银花瓶；保存分辨率不低于300的JPG格式；在规定的时间内提交到指定的邮箱

任务总结

请每位学生对任务的目标要求进行思考，进一步理解不同类别材料的设计美感。

第三章　产品材料的加工工艺

第三章　产品材料的加工工艺

知识导入

问题1：看一看，查一查，下图中的产品用了哪些材料？

问题2：你能识别出产品材料的加工方法吗？

问题3：不同的加工工艺呈现出来的风格特征有什么不同？

第一节 知识准备

一、材料的工艺性概述

材料的工艺性是指材料在成型过程中所运用的加工方法，是材料的特性之一，是材料固有特性的综合反映。材料的加工工艺主要分为三大类：材料的成型工艺、加工工艺和表面处理工艺。一般来讲，材料的加工成型性能越好，材料就越容易加工。不同的材料也有不同的加工方法。例如，塑料材料可以注塑、压注、挤压、吹塑、气压成型等；金属材料可以浇铸、车削、钻孔等；木材可以热弯、刨、钻、锯等。这些加工方法和工艺技巧可以产生不同的效果。即使是同一功能的产品，其材料不同，最终所呈现的产品造型也不相同。因此，了解材料的工艺性，是设计师用好材料的基本前提，也是实现产品最佳效果的基本保障。图3-1-1和图3-1-2所示为两种不同材质通过不同加工工艺完成的音箱产品。

二、材料的成型加工

材料的成型加工是衡量产品造型材料优劣的重要标志，良好的成型加工性能能更好地体现设计师的设计思想，能更好地进行产品造型设计，也能更好地为使用者提供良好的视觉感受，从而刺激消费者的购买欲望。

（一）常用材料的工艺方法

1.金属

金属加工工艺性能优良，如钢、铁等，其加工方法有砂型铸造、熔模铸造、压力加工（锻压、挤压等）、焊接、切削加工（如车、钻、镗、磨等）。

2.木材

木材是一种优良的造型材料，其表面纹理能给人以淳朴、自然、舒适的感觉。常用的加工方法有锯、刨、钻、打孔等，图3-1-3所示为切割工艺。

3.塑料

塑料的可塑性特别强，常用的工艺有注射、挤出、压制、注塑、吹塑等。

4.玻璃

玻璃是一种古老的材料，其透明的质感给人以干净、透澈的感觉。常用的工艺方法有吹制法、压制法、浇注法等，图3-1-4所示为玻璃的吹制工艺。

图 3-1-1　金属音箱　　　图 3-1-2　木质音箱

图 3-1-3　木材切割

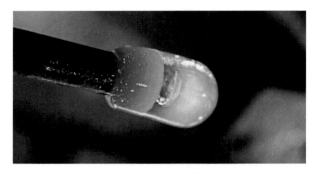

图 3-1-4　玻璃吹制

（二）工艺水平

工艺水平对材料的影响非常大，尽管材料、结构和工艺方法相同，但由于工艺水平不同，最终所获得的产品质量也不同。例如，熔模制造的零件与砂型铸造的零件相比，其精度和表面质量更高。

工艺水平的高低与技术息息相关。作为设计师，要对技术存有敬畏之心，去关注科学最前沿，用新技术新工艺代替传统工艺，这是提高产品造型效果的有效途径。新技术新工艺主要有精密铸造、精密锻造、精密冲压等。

（三）工艺方法综合应用

不同的工艺方法有不同的特点，我们应当综合应用各种工艺方法，取长补短，对产品外观造型进行改进，使产品功能和形式统一，更好地体现其设计思想，更好地满足消费者的审美需求。同时，不同的生产工艺要求，如成型特点、生产设备、技术水平、加工成本等，应选择不同的成型加工方法。

三、材料的表面处理

材料本身就具有肌理美、色彩美、光泽美、自然美等美学特性，但设计师为了更好地表达其设计思想，会用一定的表面处理技术，对产品的表面性能进行改善。

（一）表面处理的目的

（1）保护产品，即保护材料本身所呈现出的表面光泽、色彩和肌理等外观效果，同时通过表面处理的方式增加产品的耐腐蚀性、耐用性。例如，金属材料及其制品，在使用过程中会受到空气、水分、日光、盐雾、霉菌和其他腐蚀性介质的侵蚀，会引起材料或产品失光、变色、粉化及开裂等。因此，通过表面处理工艺，可以延长材料及制品的使用寿命，从而达到保护产品的目的。

（2）提高产品的审美价值，使产品在凸显设计及思想的同时，能够拥有更加吸人眼球的视觉冲击，使产品表面具有更丰富的色彩、光泽和肌理等变化，呈现出节奏感。

表面处理技术，既可使相同的材料具有不同的感觉特性，又可使不同材料获得相同的感觉特性。图 3-1-5 所示为不同的材质通过表面处理技术，

图 3-1-5　不同的材质通过表面处理技术产生不同的质地和感受

从视觉和触觉上可获得不同的质地和感受。

（二）表面处理工艺类型

表面处理工艺是指在不改变基体材料的成分，不削弱基体材料强度的情况下，通过某些物理手段或化学手段赋予材料表面特殊性能，满足工程上对材料提出的要求。在设计中，可以将表面工程技术分为表面被覆、表面层改质和表面精加工三类。

1.表面被覆

表面被覆是指在原有材料的基础上，在表面堆积新物质层。该新物质层具有保护的功能，如耐腐蚀、耐氧化、防潮等；或者具有装饰审美功能，如化学着色、燃料着色。常用的工艺方法有涂层被覆（如喷漆、上油）、镀层被覆（如镀金、镀铜等）、珐琅被覆（如搪瓷、景泰蓝），如图3-1-6～图3-1-8所示。

图 3-1-6　镀层被覆表面处理工艺产品

图 3-1-7　搪瓷表面处理　　图 3-1-8　景泰蓝表面
工艺产品　　　　　　处理工艺产品

2.表面层改质

表面层改质是指通过物质扩散，在原有材料表面渗入新的物质成分，改变原来材料表面的结构和表面性质，以改变材料的耐腐蚀性、耐磨性和着色性等。常见方法有化学方法（如化成处理、表面硬化）、电化学方法（如钢材的渗碳渗氮处理、铝的阳极氧化等）。

3.表面精加工

表面精加工是指采用切削、研磨、蚀刻、喷砂、抛光等方法，将材料加工成平滑、光亮或具有凹凸肌理的表面形态，使材料具有更理想的性能及更精致的外观。

（三）表面处理工艺

常用的表面处理工艺如下。

1.真空电镀

真空电镀，即在真空状态下注入氩气，当氩气撞击靶材时，靶材分离成分子被导电的产品吸附，形成一层均匀光滑的仿金属表面层。常用真空电镀的材料有铝材、银、铜等金属材料（图3-1-9）。非金属材料也可以作为真空电镀的材料，如塑料、复合材料、陶瓷和玻璃等。

2.光蚀刻

光蚀刻，也被称为光刻，是一种利用照相技术制作抗蚀膜像的方法。这种技术被广泛应用于保护各种材质的表面，如金属和塑料。通过化学腐蚀剂对材料表面的腐蚀作用，光蚀刻能够使材料表面产生特定的纹理，如图3-1-10所示。

3.电解抛光

电解抛光是一种利用电解反应来去除工件表面细微毛刺并提高其光亮度的工艺。在电解抛光过程中，工件作为阳极，不溶性金属作为阴极，同时浸入电解槽中。通过直流电离反应，工件表面有选择性地发生阳极溶解，从而实现去除毛刺和增强表面光亮度的效果，如图3-1-11所示。

一般情况下，大部分金属都可以用电解抛光工艺表面处理方法。

4.阳极电镀

阳极电镀和真空电镀是两种不同的表面处理方法。阳极电镀是一种化学电镀技术，通过施加电压来改变产品外观，从而改变产品表面的颜色和纹理结构。根据所施加的电压不同，产生的颜色也会有所差异，如高电压下产生的颜色比低电压下的颜色更深。

5.数控雕刻

数控雕刻是技术发展的产物，通过计算机控制的方式在二维或三维的产品表面上进行雕刻，可以制作出高质量且重复性高的产品。随着技术的普及，数控雕刻逐渐取代了传统的手工雕刻和缩放雕刻，并且在雕刻过程中能够灵活地搭配不同的色彩和材料。这种技术可以快速提升产品设计的细节表现力，使其更加生动和富有创意。

能用数控加工工艺的材料有很多，如塑料、泡沫、木材、金属、石材等。

6.电镀

电镀是指利用电解作用使产品或零件表面附着一层金属膜的工艺。该金属膜可以防止金属氧化，提高产品或零件的耐磨性、抗腐蚀性、导电性等，同时可以增强产品的美观度。

目前，大多数金属都可以进行电镀，但是不同的金属具有不同等级的电镀效率，其中最常见的电镀工艺有镀锡、镀铬、镀镍、镀银、镀金等（图3-1-12）。

图 3-1-9　真空电镀工艺表带

图 3-1-10　光蚀刻

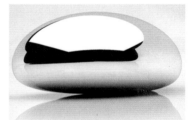
图 3-1-11　电镀抛光

图 3-1-12　电镀工艺

7.喷砂

喷砂是指利用高速砂流的冲击作用来清理基体表面的工艺。它以压缩空气为动力将喷料高速喷射到工件表面。喷砂可以改善工件表面的机械性能，提高工件的抗疲劳性，并增强涂层与工件之间的附着力。

喷砂常用于金属和玻璃材料，其他如木材和高分子化合物也可以（图3-1-13）。

除此之外，比较常用的表面处理工艺还有粉末喷涂、丝网印刷、移印工艺、烫金和压印工艺、电解抛光等，在这里就不一一阐述了。

四、工艺选择的原则

（一）时代性

时代性主要体现在新材料、新工艺、新技术上。科学技术的进步为材料工艺的选择提供了更多可能性，同时间接地反映了材料工艺选择的时代性特征。

（二）环保型

在绿色设计盛行的现代，在选择表面处理工艺及涂、镀材料时，要充分考虑环境因素，使得产品在表面处理过程中对环境的总体影响和资源消耗减到最小。

在形成漆膜的过程中，含有溶剂的油漆中易挥发的溶剂有很大的毒性。而粉末涂料是一种不含有机溶剂的固体粉末，其材料利用率可达100%。粉末涂料成膜均匀光滑，耐磨性好，而且能耗低，废物处理少，基本消除了对环境的污染。

（三）合理性

表面处理不仅要考虑产品的美观度，还要追求其功能的合理性，从使用功能出发来选择其表面处理工艺。例如，方向盘，需要考虑人在使用中的舒适度以及与手之间的摩擦因素。

（四）美观性

美与人的生活息息相关，因此设计师在选择产

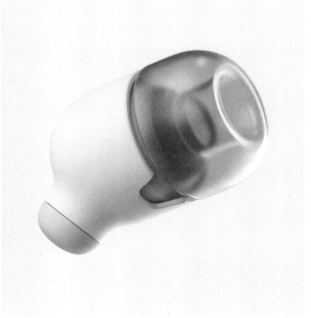

图 3-1-13　喷砂工艺在高分子化合物上的应用

品表面处理工艺时，不仅要注意其合理性，也要考虑其美观性，给用户提供良好的视觉感受。

（五）经济性

考虑消费的差异，可将产品分为高、中、低三种不同的档次。对于高档产品在选用表面处理工艺时，要对产品外观进行多侧面处理，最大化地提高材料本身的质感，使产品更加精美；而在处理中、低档产品时，既要考虑价格又要使产品保持一定的质感。

第二节　项目任务

任务：看图识工艺

任务发布

工艺的发展日新月异，设计师要及时了解新工艺，才能抓住时代的脉搏，找到创意实现的最佳方法。因此，本任务通过观看视频、收集资料、提取信息的方式，引导学生了解产品加工工艺的类型，感受材料的工艺特性以及不同的工艺所呈现的美感。选取10款产品，对成型工艺、加工工艺和表面处理工艺进行阐述与汇报。

任务分析

材料的工艺性是材料固有特性的综合反映，是决定材料能否进行加工或如何进行加工的重要因素。材料的工艺特性直接关系到加工效率、产品质量和生产成本。因此，只有了解了材料的工艺特性，才能更好地运用材料，设计出高质量的产品。

任务实施

1.任务计划

各小组根据任务要求，制定工作计划。

2.获取信息

以小组为单位，通过收集资料、观看视频，获得关于产品材料加工工艺的有效信息。请回答以下问题。

引导问题1：材料的成型加工性能指的是什么？

引导问题2：材料表面工艺处理的作用是什么？

引导问题3：材料表面处理的方法有哪些？

引导问题4：材料加工成型的方法有哪些？

3.任务制作

通过前期的资料收集与整理，制作任务成果（用Word文档、图片、PPT等），并回答以下问题。

引导问题1：阐述工艺与造型的关系。

引导问题2：简述材料加工工艺的选择原则。

4.展示

各小组分别到讲台上分享案例，阐述产品的加工工艺以及艺术风格和特点。

第二部分 实训篇

第四章 金属

第四章 金属

▶ 第一节 金属材料概述

金属材料是指具有光泽、延展性、易导电、传热等性质的材料。一般分为黑色金属和有色金属两种。金属和人类的相互关系悠久而深远，人类利用金属已达5000多年，上可追溯到青铜器时代。人类文明与金属材料的关系十分密切，继石器时代之后出现的青铜器时代、铁器时代，都是以金属材料作为其时代的标志的。今天，在日常生活和工业生产中小到锅、勺、刀、剪等生活用品，大到机器设备、交通工具、大型建筑物等都离不开金属材料，金属在今天工业产品材料中占据着中心地位。

金属的性能一般分为工艺性能和使用性能两类。工艺性能是指金属制品在加工制造过程中，金属材料在特定的冷、热加工条件下表现出来的性能。金属材料工艺性能决定了它在制造过程中加工成型的适应能力。由于加工条件不同，对金属的工艺性能要求也不同，如铸造性能、可焊性、可煅性、热处理性和切削加工性等。使用性能是指金属制品在使用条件下，金属材料表现出来的性能，它包括力学性能、物理性能、化学性能等。

一、金属的特性

金属材料是金属及其合金的总称。金属的特性是由金属结合键的性质所决定的。金属的特性表现为以下几个方面。

（1）金属材料大多都是具有晶格结构的固体，由金属键结合而成。

（2）金属材料是电与热的优良导体，如图4-1-1所示。

（3）金属材料表面具有金属所特有的色彩与光泽，如图4-1-2所示。

（4），金属材料具有良好的展延性，如图4-1-3所示。

（5）金属可以制成金属化合物，可以与其他金

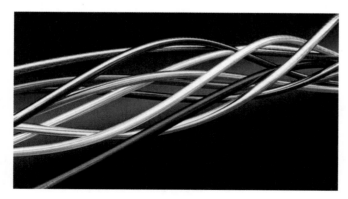

图4-1-1 金属电线

属或氢、硼、碳、氮、氧、磷和硫等非金属元素在熔融态下形成合金，以改善金属的性能。合金可根据添加元素的多少分为二元合金、三元合金等。

（6）除了贵金属，大部分金属的化学性能都较为活泼。

图 4-1-2　金属的色彩与光泽

图 4-1-3　金属的延展性

二、金属材料的优缺点

（一）金属材料的优点

一般来说，金属的导热、导电性能好，能很好地反射热和光。由于金属硬度大、耐磨耗性好，因此可以用于薄壳构造，如图4-1-4所示。金属可以铸造，而且具有很好的展延性，可以进行各种加

图 4-1-4　金属椅

工处理。由于不易污损，因此易于保持表面的清洁，如图4-1-5所示。金属制品还能和其他材料很好地配合，发挥装饰效果，如图4-1-6所示。

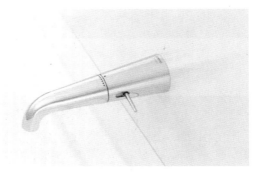

图 4-1-5　金属龙头

图 4-1-6　金属与皮质的结合

（二）金属材料的缺点

一般来说，金属的密度比其他材料大（图4-1-7），易生锈（图4-1-8）。金属是热和电的优良导体，但绝缘性较差，对有导电需求的产品都要进行绝缘处理（图4-1-9）。金属虽然具有特有的金属色，但缺乏色彩。除此之外，金属材料加工所需的设备和费用成本相对较高。

综上所述，金属确实具有许多优点，但也存在一些缺点。因此，为了充分利用金属，必须充分了解其性质。通过适当的加工工艺，可以有效地避免金属在属性上的缺点，最大限度地发挥金属的优良属性，如图4-1-10所示。

图 4-1-7　金属矿石

图 4-1-8　金属生锈表面图

图 4-1-9　金属绝缘处理

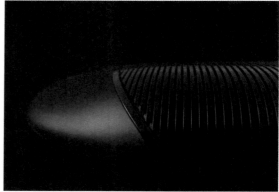

图 4-1-10　金属材料在工业产品中的应用

第二节　金属材料的成型工艺

在工业产品造型设计过程中，设计师需要掌握一定的金属材料成型和工艺方面的知识，以确保设计得以快速实现。金属的工艺性能是指材料承受各种加工、处理的性能，如铸造、塑性加工、焊接和切削加工等。

一、铸造成型

金属铸造是指将熔融态金属浇入铸型后，冷却凝固成为具有一定形状铸件的工艺方法，如图4-2-1所示。

目前铸造成型技术的方法种类繁多，应用最为普遍的是砂型铸造。砂型铸造相比其他成型方法具有适应性强、成本低廉的特点，但铸造组织的晶粒比较粗大，内部常有缩孔、疏松、气孔、砂眼等铸造缺陷。

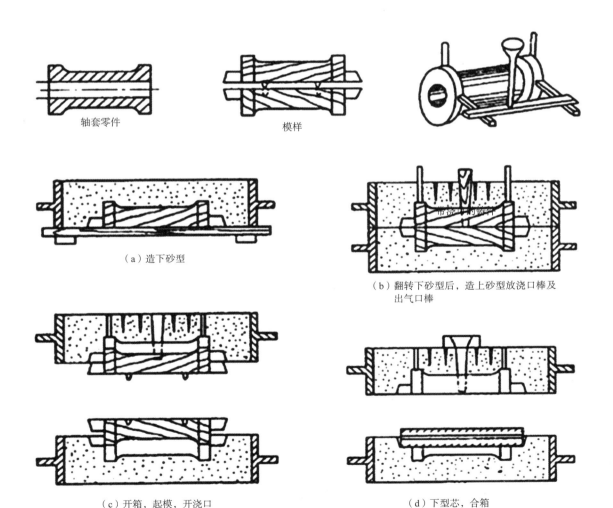

轴套零件　　　　　模样

（a）造下砂型

（b）翻转下砂型后，造上砂型放浇口棒及出气口棒

（c）开箱，起模，开浇口

（d）下型芯，合箱

图4-2-1　铸造成型

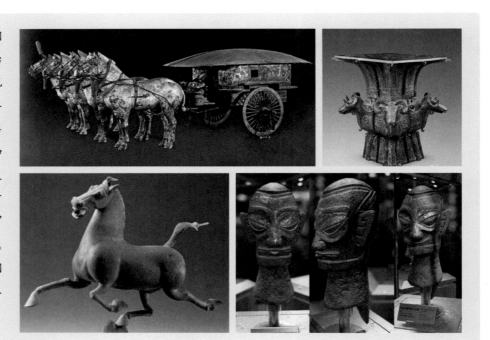

知识拓展：青铜器历史悠久，从开始被当作容器，到现在被当作工艺品，其历史可追溯到新石器时代。在中国有诸如"马踏飞燕""秦始皇陵铜车马""四羊方尊""三星堆立人像"等世界著名工艺品。这些年代久远的青铜器有着怎样的制作工艺呢？

青铜器的制作方法大体分为三大类：范铸法、失蜡法、浑铸法。中国比较出名的镂空工艺品都是用失蜡法制造完成的。失蜡法是一种精密的铸造方法，常用于制作青铜器。春秋末期，我国就发明了失蜡法铸造工艺。这种方法的具体步骤是：首先，用蜂蜡制成铸件的模型；其次，使用其他耐火材料填充泥芯并敷成外范；再次，通过加热烘烤，蜡模会全部熔化流失，使整个铸件模型变成空壳；最后，向内浇灌金属溶液，便可以铸造出完整的器物。失蜡法通常用于铸造一些外形比较复杂的青铜器具。

二、塑性加工

金属塑性加工能够使产品的功能性与美观性达到高度协调统一，并以其生产效率高、质量好、重量轻及成本低等优点在产品生产中占有重要地位（图4-2-2）。金属塑性加工件在产品中得到广泛的应用，如在汽车、飞机等产品中，金属塑性加工件的比例达65%以上。金属塑性加工在产品外观造型上具有重要作用，因此受到产品设计师的高度重视。

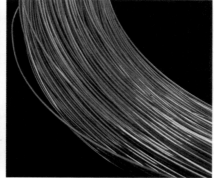

图4-2-2　塑性加工的金属制品

金属塑性加工又称压力加工，是指在外力作用下金属材料发生塑性变形，得到具有一定形状、尺寸和力学性能的零件或毛坯的加工方法。塑性加工可改善金属材料的组织和机械性能，产品可直接获取或经过少量切削加工即可获取，金属损耗小，适用于大批量生产。塑性加工需要使用专用设备和专用工具。塑性加工不适合加工脆性材料或形状复杂的产品。塑性加工按加工方式可分为锻造、冲压、轧制、挤压、拨制加工等多种类型。下面简要介绍锻造和冲压这两种常见的塑性加工方式。

（一）锻造

锻造是指利用锤子对金属进行敲打，使金属在不分离的情况下产生塑性变形，从而获得所需要的零件。常温下锻造，称作冷锻；先对金属加热，再锻造称作热锻；将金属放在砧铁上施以冲击力，使其产生塑性变形的加工方法称作自由锻；将金属坯料放在具有一定形状的模具中，施加冲击力使坯料发生变形的加工方法称作模锻；利用手锤进行锻造，称作手工锻造。图4-2-3所示为在铜表面通过锻造工艺实现浮雕效果。

（二）冲压

冲压是指金属板料在冲压模之间受力产生塑性变形或分离从而获得所需零件的加工方法。冲压多数是在常温下进行的。图2-2-4所示为利用冲压工艺对金属椅进行一次成型。

冲压加工的主要优点是：生产效率高，产品尺寸精度较高，表面质量好，易于实现自动化、机械化，加工成本低，材料消耗少，适合大批量生产。

主要缺点是：只适合塑性材料加工，不能加工脆性材料，如铸铁、青铜等，不适合加工形状较复杂的零件。冲压常用的加工方式有拉伸、折弯、冲剪等，如图4-2-5至图4-2-7所示。

图4-2-3　锻铜浮雕

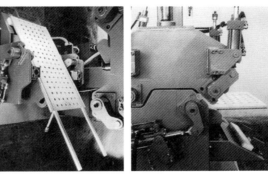

图4-2-4　一次成型的金属椅

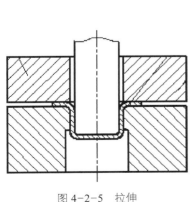

图4-2-5　拉伸

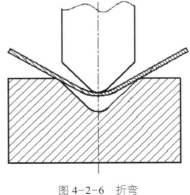

图4-2-6　折弯

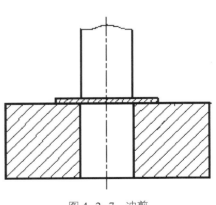

图4-2-7　冲剪

三、焊接加工

将分离的金属用局部加热或加压等手段，借助金属内部原子的结合与扩散作用牢固地连接起来，形成永久性接头的过程称为焊接（图4-2-8）。

金属焊接加工方法按其过程特点可分为三大类：熔焊、压焊和钎焊。在进行技术焊接结构设计时，造型设计人员需要考虑所选金属材料的焊接性，并注意结构的合理设计及施焊过程中可能遇到的问题。

四、切削加工

金属切削加工是指利用切削刀具在切削机床上或用手工将金属工件的多余加工量切去，从而获得符合要求的几何形状、尺寸精度和表面粗糙度的加工方法。金属切削加工可分为钳工和机械加工两种。机械加工又包括车削、铣削、刨削、磨削、钻削、镗削等。

五、表面处理技术

金属材料表面处理技术有两个重要的作用。首先，它可以保护金属材料或制品免受大气、水分、日光、盐雾、霉菌和其他腐蚀性介质的侵蚀，从而延长产品的使用寿命；其次，这种技术还可以美化产品，使产品表面有更丰富的色彩和光泽，从而提高产品的商品价值和市场竞争力。

（一）表面前处理

在对金属材料或制品进行表面处理之前，应有前处理或预处理工序，以使金属材料或制品的表面达到可以进行表面处理的状态。金属制品表面的前处理工艺和方法有很多，如机械处理、化学处理和电化学处理等。

机械处理是通过切削、研磨、喷砂等加工清理

图 4-2-8　焊接

制品表面的锈蚀及氧化皮等，将表面加工成平滑的或具有凹凸的模样；化学处理主要是清理制品表面的污渍、锈蚀及氧化物等；电化学处理主要用于强化化学除油和侵蚀的过程，有时也可用于弱侵蚀时活化金属制品的表面状态。

（二）表面装饰技术

金属材料的表面装饰也称为金属材料的表面被覆处理，是一种重要的表面处理技术。表面被覆处理层是一种覆盖在制品表面的皮膜，如镀层和涂层等。这种处理过程能够保护产品并美化其外观。金属材料表面装饰技术主要包括表面着色工艺和肌理工艺，它们能够赋予产品丰富的色彩和光泽，提升产品的商品价值和市场竞争力。

（1）金属表面着色工艺。金属表面着色工艺是采用化学、电解、物理、机械、热处理等方法，使金属表面形成各种色泽的膜层、镀层或涂层，如图4-2-9所示。

（2）金属表面肌理工艺。金属表面肌理工艺是通过锻打、刻画、打磨、腐蚀等工艺，在金属表面制作出肌理效果，如图4-2-10所示。

图 4-2-9　金属表面着色工艺

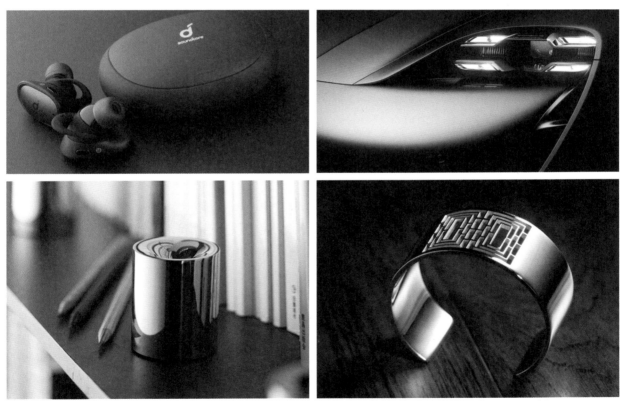

图 4-2-10　金属表面肌理工艺

第三节　常用金属材料

金属材料通常分为黑色金属和有色金属。黑色金属又称钢铁材料，包括含铁90%以上的工业纯铁、含碳2%至4%的铸铁、含碳小于2%的碳钢，以及各种用途的合金钢等。广义的黑色金属还包括铬、锰及其合金。有色金属是指除铁、铬、锰以外的所有金属，通常分为轻金属、重金属、贵金属、半金属、稀有金属和稀土金属等。金属种类繁多，在工业产品设计中，应用最广泛的金属材料主要是黑色金属，即钢铁材料。

一、常用的黑色金属

（一）铁

根据含碳量铁分为生铁、铸铁、工业纯铁。生铁是指含碳量大于2%的铁碳合金，铸铁是指含碳量大于2.11%的铁碳合金（图4-3-1），而工业纯铁是含碳量低于0.04%的铁碳合金，其纯度高达99.9%，而杂质总量约为0.1%。

（二）铁合金

铁合金是铁与一定量其他金属元素的合金。铁合金是炼钢的原料之一，在炼钢时用作钢的脱氧剂和合金元素添加剂，用以改善钢的性能。依据所含元素不同，铁合金分为硅铁（图4-3-2）、锰铁、铬铁等。

（三）碳钢

碳钢也称碳钢素，是含碳量小于2%的铁碳合金。碳钢除含碳之外一般还含有少量的硅、锰、硫、磷。碳钢按用途可分为碳素结构钢、碳素工具钢和易切结构钢三类。按含碳量可以把碳钢分为低碳钢（C≤0.25%）、中碳钢（C为0.25%—0.6%）和高碳钢（C＞0.6%），图4-3-3所示为高碳钢。

（四）合金钢

除主要的铁和碳元素，以及不可避免的少量硅、锰、磷和硫元素之外，钢中还含有一定量的合金元素。这些合金元素包括铝、镍、铬、钒、钛、铌、硼、稀土等中的一种或几种。当这些合金元素按照一定比例加入钢时，就形成了合金钢。图4-3-4所示为产品设计中常用的不锈钢。

图4-3-1　灰铸铁旋塞阀

图4-3-2　硅铁

图4-3-3　高碳钢

（五）钢材

钢材有四大种类：钢板、钢管、型钢及钢丝。

二、常用的有色金属

除铁、锰、铬之外的83种金属统称为有色金属。有色金属的分类方式多样，其中一种分类方式是基于基体金属的，当一种有色金属作为基体时，加入另一种（或几种）金属或非金属成分，形成既具备基体金属特性又具有某些特定性能的物质，称为有色金属合金。根据基体金属的不同，有色金属合金可以分为铜合金、铝合金、钛合金、镍合金等多种类型。

（一）铝及铝合金

铝及铝合金在工业中是使用最广泛的一类有色金属材料（图4-3-5、图4-3-6）。全球产量仅次于钢铁，位列第二，但在所有有色金属中位列第一。

（二）铜及铜合金

纯铜呈紫红色，又称紫铜。纯铜的密度为$8.96g/cm^3$，熔点为$1083℃$，纯铜具有优良的导电性、导热性、延展性和耐腐蚀性。主要用于制作电机、电线、电缆、开关装置、变压器等电工电子器材和热交换器、管道等导热器材。

铜合金是以纯铜为基础，加入其他元素构成的合金。根据成型方法，铜合金可分为铸造铜合金和变形铜合金。多数铜合金既可用于铸造，又可用于变形加工。然而，变形铜合金适用于铸造，而铸造铜合金无法进行锻造、挤压、深冲或拉拔等变形加工。按照化学成分，铜合金主要分为黄铜、青铜和白铜三类（图4-3-7）。

（三）钛及钛合金

钛的性能与碳、氮、氢、氧等杂质的含量有

图4-3-4 不锈钢

图4-3-5 铝合金型材

图4-3-6 苹果电脑（铝合金外壳）

图4-3-7 黄铜、白铜、青铜

关，纯钛为银白色。钛合金是以钛为基础、加入适量其他合金元素组成的合金。钛合金因具有强度高、耐腐蚀性好、耐热性高等特点而被广泛用于各个领域。

钛合金的密度仅为钢的60%。纯钛的强度接近普通钢的强度，一些高强度钛合金超过了许多合金钢的强度。因此，钛合金可制出单位强度高、刚性好、质量轻的零、部件。目前飞机的发动机构件、骨架、蒙皮、紧固件及起落架等都使用钛合金。

由于钛合金在潮湿的大气和海水介质中，其抗腐蚀性远优于不锈钢，再加上钛合金具有亮丽的色泽，近年来在许多高档装饰材料中得到了广泛应用（图4-3-8、图4-3-9）。

钛合金按用途可分为耐热合金、高强合金、耐腐蚀合金、低温合金以及特殊功能合金等。

（四）锡及锡合金

锡是银白色的软金属，其密度和熔点低。锡很柔软，用小刀就能切开它。锡的化学性质很稳定，在常温下不易被氧化，所以它能保持银闪闪的光泽。锡无毒，人们常把它镀在铜锅内壁，以防铜生成有毒的铜绿。将锡镀在薄铁板表面（马口铁）既可以保护铁板不被腐蚀，又可以保持光泽，常被用来做食品包装材料（图4-3-10、图4-3-11）。

以锡为基体加入其他合金元素组成有色合金，主要合金元素有铅、锑、铜等。锡合金熔点低，强度和硬度均低，它有较高的导热性和较低的热膨胀系数，耐大气腐蚀，有优良的减摩性能，易于与钢、铜、铝及其合金等材料焊接，是很好的焊料和轴承材料。

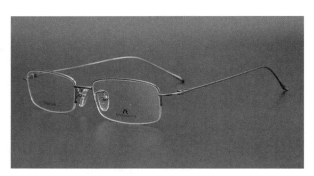

图4-3-8　钛合金眼镜

图4-3-10　锡合金酒杯

图4-3-9　耐磨钛合金整体成型地面

图4-3-11　锡纸包装

第四节　项目实训——服务于电动自行车的周边产品设计

一、项目概述

本项目实训以培养学生挖掘产品创意为目标，以电动自行车为设计切入点，通过观察和调研，以完善用户使用需求为导向，设计一款服务于电动自行车使用的周边产品，旨在提升电动自行车的使用体验。

项目调研：通过用户、市场、企业、生产技术等调查，挖掘电动自行车的附加服务卖点。

项目定位：明确用户需求、企业生产加工能力、企业发展战略和技术发展趋势等因素，以及产品设计的整体概念，具体包括人群定位、功能定位、结构定位、材料定位、技术定位、外形定位、市场环境定位。

造型设计：包括产品创意、功能设计、草图设计、方案效果设计、材质设计、色彩设计、展示设计等。

方案评价和优化：包括技术要素、经济要素、社会要素、审美要素、环境要素、人机要素等。

二、案例实操

（一）导赏

1.微型移动共享充电站

DUCKT微型移动共享充电站是2021年A'Design Award和都市设计系列红点奖的获奖作品，由伊斯坦布尔的设计师 Evren Yazici、Emre Ozsoz、Alimsan Kablan、Pelin Ozbalci共同设计完成（图4-4-1）。

到2030年，在我们生活中将新增300万辆微型移动交通工具。目前，微型移动充电交通工具在欧洲市场上备受欢迎，共享市场投放率高，类似国内的共享电动自行车。针对共享充电出行工具对公共环境的影响，设计师致力于开发一款低消耗、高适配的微型移动共享充电站，能服务于全球范围内不同体量的电动出行工具。但充电设备因电量不足而随意堆放的现象比较普遍（图4-4-2），一定程度上也为城市环境添加了新的压力。

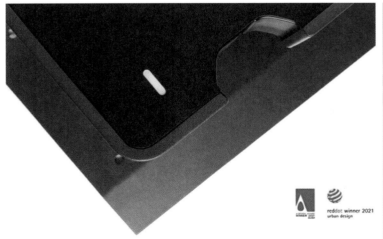

图 4-4-1　微型移动共享充电站

图 4-4-2　电量不足的微型交通工具被随意堆放

DUCKT这款设计尝试解决共享交通工具的基础设施配备问题，进一步完善最后一公里出行的公共设施服务。该设计的每个细节都力求释放共享交通的最大益处，以营造可行的、可持续的综合设计体系（图4-4-3、图4-4-4）。

最基础的几何形状为造型设计奠定了基础。关

图 4-4-3　可适配各种体量的交通工具

图 4-4-4　营造快乐共享的公共环境

于充电站的造型设计，设计师以追求街头整体美感作为外观设计的一条重要原则，造型的基本几何形状是人们在婴儿期就十分熟悉的外观，此类形态还出现在我们日常生活的方方面面，使得充电站造型在追求高级审美的过程中还具备亲切感（图4-4-5）。

图4-4-6和图4-4-7所示的配件是一个万能适配转换器，有了这个转化器，所有共享交通设备都能在DUCKT充电站进行充电。

充电站包含两个不同型号的充电站，分别是B1和B2。这两个类型的充电站都包含了充电坞和锁。不同的是B1只有一个充电位，B2有两个，以满足不同的充电需求，也利于安装在不同大小的空间内。

P1在充电站充当连接桥梁，是充电站向网络世界开放的重要基站（图4-4-8、图4-4-9）。

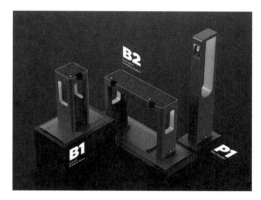

图 4-4-5　充电站造型

图 4-4-6　万能适配转换器

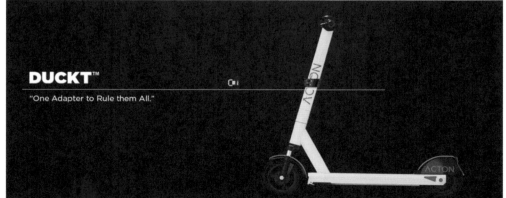

图 4-4-7　万能适配转换器的应用

图 4-4-8　充电基站

图 4-4-9　充电示意图

一个P1基站最多可以配备30个充电坞。根据安装空间的大小和不同的安装环境，充电桩可呈现多种平面安装形式（图4-4-10）。

选用金属和塑料为主材，二者加工性能良好，耐磨损、抗腐蚀能力强。同时这两种材质都具备很强的造型能力，能满足产品结构和外观造型的双重需求。

微型移动共享充电站不仅能为城市的共享电动交通工具提供充电服务，还可适配私人电动出行工具，这种高适配的性能设计为我们的绿色共享城市生活带来了极大便利，如图4-4-11所示。

2.ERS设计案例

ERS是由韩国设计师Jaegonwon ko和Janchi共同设计的一款针对初学者使用的自行车出行包，适配BMC公司的"时间机器"系列自行车，于2022年10月在Behance上发布（图4-4-12）。本产品以初学者为核心目标用户，以初学者在骑行功能上和心理上的需求为研究重点，对产品的功能和外观进行设计，以提升初学者骑行信心和兴趣为目标，增加用户对BMC品牌系列产品的黏性。

对于初学者来说，大多数人是出于健身、兴趣或社交需求而选择骑行运动的。但事实上，选购骑行辅助装备的难度远大于购买一辆自行车本身。初学者需要列出各项功能需求，如夜行灯、锁、导航、水瓶固定架和水瓶等。这对于刚刚产生骑行兴趣的初学者来说，无疑是一道不小的障碍，这个过程往往会降低一部分用户的骑行热情，甚至使他们放弃。ERS项目借鉴了游戏设计中的新手启动包理念，设计了一款骑行启动包，旨在以零门槛的方式帮助初学者获得骑行辅助装备。ERS的新手启动包中主要包含了前照灯、尾灯、导航和水壶，以满足初学者在功能上的核心需求（图4-4-13）。

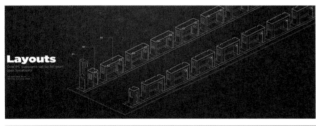
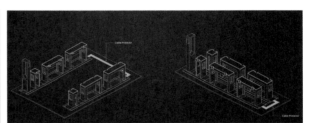
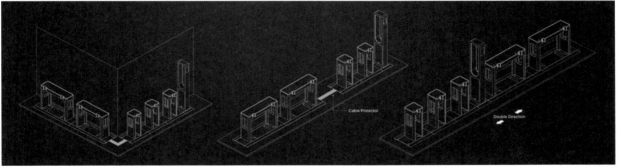

图 4-4-10　充电基站平面布置图

图 4-4-11　多场景安装

图4-4-12　"时间机器"系列自行车

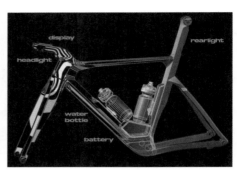

图4-4-13　结构示意图

产品开发前，调研了瑞士BMC公司"时间机器"自行车系列产品。ERS能量棒的设计采用了水壶固定架的模式，并与水壶一起配备了电池功能，方便初学者在骑行时进行补给。在方案设计过程中，设计师对水壶和能量棒的固定位置进行了多次尝试和优化（图4-4-14）。BMC出色的结构设计为设计师提供了灵感，最终将能量棒、水壶和电池的位置与自行车的核心框架保持在一个平面上。

BMC选择合金作为自行车的主要材料，而ERS则以塑料为主。在视觉和功能上，这两种材料能够完美地结合在一起。更为重要的是，这两种材料都非常稳定，其中使用的塑料都是高稳定性、食品级别和耐腐蚀级别的。前后照明灯选用的塑料为透光塑料，这类透光塑料主要原料有PC、PP、ABS、PMMA等。ERS还为初学者配备了导航仪，导航仪的安装位置在前轮支撑框架与手把连接处，连接处的表面平整，方便用户骑行时阅读，如图4-4-15和图4-4-16所示。

（二）项目实作

1.知识复习

问题1：图4-4-17（a）~（c）分别用的什么材料？

问题2：讨论一下图4-4-17（d）~（f）的金属材料有何年代特征。

问题3：图4-4-17（g）~（i）使用的金属材料有什么造型特点？

2.项目实训

设计一款服务于电动自行车的周边产品。

素质目标

（1）培养学生合理选择产品材料和加工工艺。

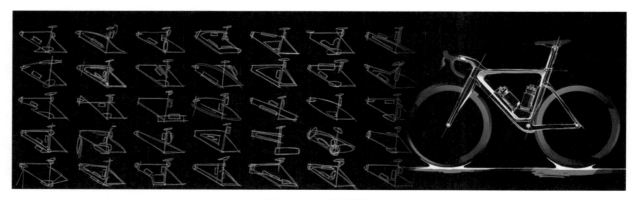

图4-4-14　方案设计

图 4-4-15 局部效果展示

图 4-4-16 手把效果展示

（2）培养学生对加工工艺关联设计的意识。

（3）培养学生对加工工艺的审美意识。

知识目标

（1）掌握有色金属的常用种类。

（2）了解有色金属加工工艺的受力特征。

（3）掌握有色金属材料的造型特征。

能力目标

（1）能正确合理地选择金属材料和加工工艺表现材质的特性。

（2）具备金属材料的设计造型能力。

（3）具备选用其他材料与金属材料进行搭配设计的能力。

（4）具备对金属材料及其加工工艺的设计审美能力。

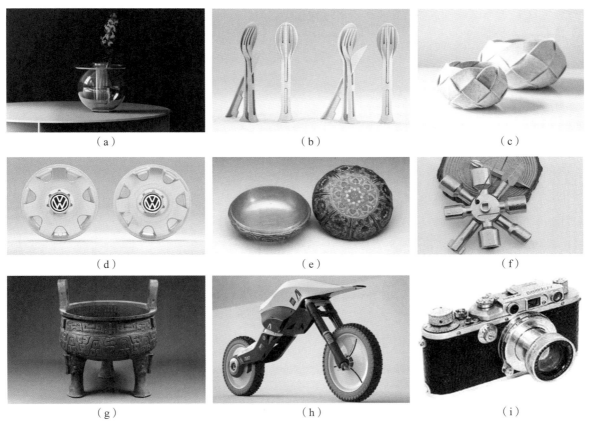

（a） （b） （c）

（d） （e） （f）

（g） （h） （i）

图 4-4-17 知识复习图

产品材料与工艺

▶▶ 第五节 学生作品赏析

图4-5-1所示的全自动电动轮椅采用了JRC01刹车系统控制器，老年人即使单独行驶也能随意地

图4-5-1 全自动电动轮椅 作者：唐高林

上下坡，不用担心轮椅溜车下滑。轮椅采用钢制圆管车架，平滑五棱角能提高对老年人的保护系数。具备电动抬腿、起背功能，轻轻一按遥控板，即可随意调节靠背和脚踏，大大减轻使用者需要他人帮助的心理负担，随时随地随心调节。前轮后轮合理轴距，黄金配比科学轴距，使用更稳定舒适。稳定三角，低重心，人与车构成黄金三角，保证驾驶稳定性（图4-5-2）。

如图4-5-3，这款专为老年人设计的手机具备大屏幕、宽广视野和大的键盘字体，以适应老年人的视力要求。它采用了金属外壳，提供了优良的触感和耐久性。为了方便解锁，特别设计了外置解锁开关，夜间出行时还可以使用内置手电筒。手机的

爆炸图分析 Explosive Chart Analysis

产品展示图 Product Display Chart

高靠背，自调可躺，（可全躺）坡停不溜车，后置躺下设计，可坐在轮椅上自调躺下。牛津布包裹靠背更加耐用。

电镀钢管扶手，稳固安全，不易变形，十字架焊接，耐用且牢固。

实心防震前轮，品牌轮胎，耐磨性更强，寿命更长，适合在多种复杂路面行驶，老人乘坐更平衡舒适。

钛钢车架及踏板，钛钢比铝合金受力程度更大，承重更强，缓冲性好，对老年人保护系数高，耐用性很强，老年人用得更安心。

图4-5-2 全自动电动轮椅设计细节

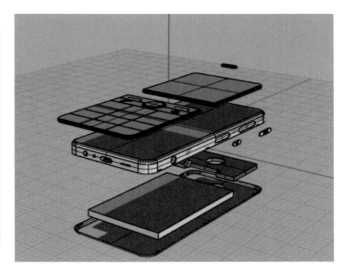

图 4-5-3　老年人智能手机　作者：张华灵

一键收音机功能允许老年人轻松享受广播内容。此
外，手机背面设有闪烁灯会在错过来电时发出提
示，降低了使用难度。

　　然而，该手机在语音功能方面仍有不足。如果

能加入专属老年人的语音功能，如在需要付款时通
过语音命令自动弹出付款码，将极大提升老年人的
使用体验。创意设计如图4-5-4所示。

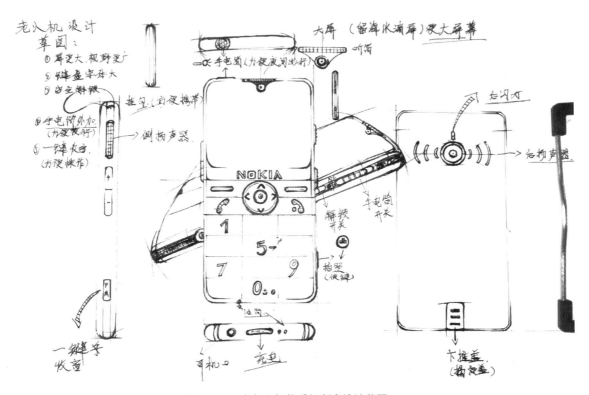

图 4-5-4　老年人智能手机创意设计草图

第五章　塑料

第五章　塑料

第一节　塑料概述

塑料是一种以天然或合成树脂为主要成分的高分子有机材料，通过加入各种添加剂，在特定的温度和压力等条件下塑制成一定形状，并在常温下保持其形状。早在19世纪以前，人们就已经利用沥青、松香、琥珀、虫胶等天然树脂制作产品。1868年，人类首次成功地使用樟脑作为增塑剂，制造出了世界上第一个塑料品种，从此开启了人类大规模使用塑料的历史。到了20世纪二三十年代，聚氯乙烯、丙烯酸酯类、聚苯乙烯和聚酰胺等塑料材料相继被发明并应用。20世纪40年代至今，随着科学技术的飞速发展和工业的突飞猛进，特别是石油资源的广泛开发和利用，塑料工业迅速壮大并蓬勃发展。

塑料的应用非常广泛，涉及工业、农业、包装和电子等多个领域。作为四大支柱性材料之一，它与钢铁、木材和水泥一样，极大地丰富了人们的物质生活。然而，这也导致了塑料垃圾公害的问题。随着人们对塑料材料的深入了解，一些不够经济环保且可能对人们的健康和环境造成危害的塑料品种逐渐被淘汰。取而代之的是更加节能环保的新型塑料，这些新型塑料在性能和环保方面都有所提升，更加符合现代社会的可持续发展需求。同时，为了解决塑料垃圾公害问题，人们开始研究塑料的回收和处理技术。通过有效的回收和处理措施，可以减少塑料对环境的污染，并实现资源的循环利用。

一、塑料的特性

塑料作为一种重要的有机高分子材料，其不同性能决定了在生活和工业中的用途。

（1）耐化学侵蚀。一般塑料对酸碱等化学物都具有良好的抗腐蚀性。例如，聚四氟乙烯能耐各种酸碱的侵蚀，甚至在能溶解黄金的"王水"中也不受影响。

（2）质轻、比强度高。一般塑料的密度为$0.9 \sim 2.3g/cm^3$。最轻的聚乙烯、聚丙烯的密度约为$0.9g/cm^3$，比水的密度还小。最重的聚四氟乙烯的密度也只有$2.3g/cm^3$，但比强度高，超过了金属材料。

（3）富有光泽，能着鲜艳色彩，部分透明或半透明（图5-1-1）。

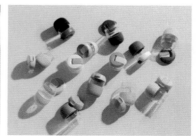

图 5-1-1　塑料水杯

（4）良好的电绝缘性。大多数塑料都是良好的电绝缘体（图5-1-2），它可以和陶瓷、橡胶等绝缘材料相媲美，在电气和电子工业中得到了广泛应用。

（5）成型加工容易，可大量生产，价格便宜。塑料可制造出形状较复杂的产品，可自由地表达设计师构思的艺术形象，可方便地进行切削、焊接、表面处理等二次加工（图5-1-3）。用塑料制品代替金属制品，可节约大量的金属材料。

（6）优美舒适的质感。塑料具有适当的弹性，给人以温和、亲切的触觉质感。塑料表面光滑、纯净，可制造出各种美丽的花线，着色容易，色彩艳丽，外观保持好。塑料还可以模拟出其他材料的天然质感，如可以模拟出金属的光泽表面。塑料本身无色透明，如果在塑料中加入染料，就可以制造出鲜艳夺目的彩色塑料，给人以富丽堂皇和高雅的质感效果（图5-1-4）。

（7）优良的耐磨性和自润滑性。塑料一般比金属材料软，但塑料的摩擦、磨损性能远高于金属，塑料的摩擦系数比较低，有些塑料具有自润滑性，如用聚四氟乙烯制造的轴承，可以在无润滑油的情况下工作。

二、塑料材料的劣势

（1）塑料的硬度和强度不如金属。

（2）塑料容易燃烧，燃烧时产生有毒气体。除了燃烧，在高温环境下，还会分解出有毒成分，如苯环等。

（3）塑料制品容易变形，温度变化时尺寸稳定性较差，成型收缩较大。

（4）塑料无法被自然分解，容易造成白色污染（图5-1-5）。

（5）塑料制品存在老化现象。在长期使用过程

图5-1-2　塑料的电绝缘性

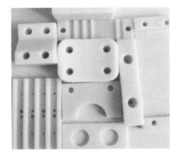

图5-1-3　塑料的二次加工

图5-1-4　塑料的质感

中，塑料制品质量会逐渐下降。在周边环境的作用下，塑料的色泽会改变，机械性能下降，变得硬脆或软黏而无法使用。塑料老化是塑料产品的一个重要缺陷（图5-1-6）。

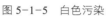
图5-1-5　白色污染

图 5-1-6　塑料老化

第二节　塑料的成型工艺

塑料成型加工是一门工程技术。在工业产品造型设计中，掌握一定的塑料成型工艺方面的知识，是使工业设计师的设计得以快速实现的一个重要途径。塑料的种类非常多，从成型性上考虑，大致可分为热塑性塑料与热固性塑料两大类。塑料成型的方法也因材料及成品不同而有极大的差异，常用的塑料成型方法包括注塑成型、挤出成型、压制成型、吹塑成型和热成型等。

一、注塑成型

注塑成型又称注射成型。注塑成型是使用注塑机（或称注射机）将热塑性塑料体在高压下注入模具内经冷却、固化获得产品的方法。日常所用的桶、盆以及半导体收音机的外壳等塑料产品，都是采用注塑成型方法生产的。这种成型方法是使热塑性或热固性塑料先在加热料筒中均匀塑化，然后由柱塞或移动螺杆推挤到闭合模具的模腔中成型的一种方法，所以称为注塑成型。注塑成型是众多塑料成型方法中重要的成型方法之一，适用于大多数的热塑性塑料（图5-2-1）。

二、挤出成型

挤出成型也称挤压模塑或挤塑，它是在挤出机中通过加热、加压而使物料以流动状态连续通过挤出模成型的方法。挤出法主要用于热塑性塑料的成型，也可用于某些热固性塑料。挤出成型广泛用于薄膜、板材、软管及其他具有复杂断面形状的异型材的生产。这种成型方法可以与中空或注塑成型并用。可用于挤出成型的树脂，除用量最大的聚氯乙烯之外，还有ABS树脂、聚乙烯、聚碳酸酯、丙烯酸树脂、发泡聚苯乙烯等，也可将树脂与金属、木材或不同的树脂进行复合挤出成型。挤出的产品都是连续的型材，如管、棒、丝、板、薄膜、电线电缆包覆层等（图5-2-2）。

三、压制成型

压制成型是热固性塑料成型法的一种，是先将热固性树脂预热后，置于开放的模具内，闭模后施以热及压力，直至材料硬化为止。这种成型方法的生产效率较低，生产的大多是形状比较简单的产品。

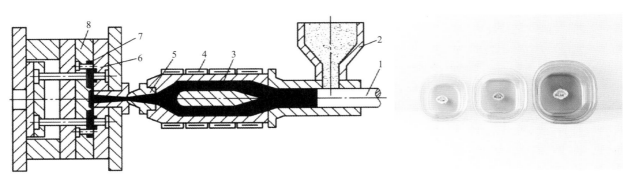

1. 柱塞；2. 料斗；3. 分流梭；4. 加热器；5. 喷嘴；6. 定模板；7. 塑件；8. 动模板

图5-2-1　注塑成型及制品

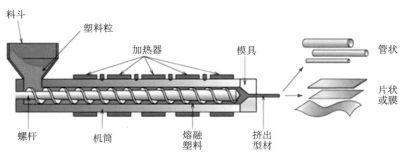

图 5-2-2　挤出成型及制品

压制成型可以生产儿童餐具、厨房用具等日用品及开关、插座等电气零件。由于这种成型方法是将体积较大的松散的原料压制而成型的，因此称之为压制成型。可用于压制成型的树脂主要有蜜胺树脂、尿素树脂、环氧树脂、苯酚树脂及不饱和聚酯等热固性塑料（图 5-2-3）。

四、吹塑成型

吹塑成型是利用压缩空气的压力将闭合在模具中加热到高弹态的树脂型坯吹胀为空心制品的一种方法，如图 5-2-4 所示。吹塑成型包括薄膜吹塑成型及中空吹塑成型两种方法。用吹塑成型法可生产薄膜制品，各种瓶、桶、壶类容器及儿童玩具等，如图 5-2-5 所示。

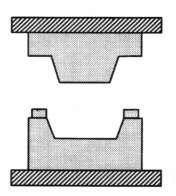

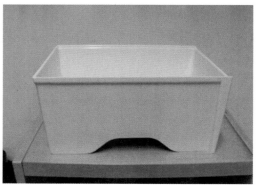

图 5-2-3　压制成型及制品

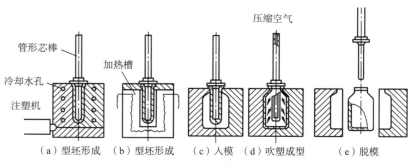

（a）型坯形成　（b）型坯形成　（c）入模　（d）吹塑成型　（e）脱模

图 5-2-4　吹塑成型

图 5-2-5　吹塑成型制品

五、热成型

热成型方法能生产从小到大的薄壁产品，设备费用、生产成本比其他成型方法低；但是这种成型方法不适合成型形状复杂的产品以及尺寸精度要求高的产品。另外，因为这种成型方法是拉伸片材而成型的（图5-2-6），所以产品的厚度难以控制。可用于热成型的材料有聚氯乙烯、聚苯乙烯、聚碳酸酯、发泡聚苯乙烯等片材。

在包装领域热成型产品用得最多。除包装领域之外，冰箱内胆、机器外壳、照明灯罩、广告牌、旅行箱等产品也可采用热成型方法生产（图5-2-7）。以往主要用于包装产品的热成型方法目前也逐步转向耐用消费品领域。

六、压延成型

压延成型是将热塑性塑料通过一系列加热的压延，使其在挤压和展延作用下连接成为薄膜或片材的一种成型方法，如图5-2-8所示。压延产品有薄膜、片材、人造革和其他涂层产品等。压延成型所采用的原材料主要是聚氯乙烯、纤维素、改性聚苯乙烯等。

七、滚塑成型

滚塑成型可以用于制作时装模特的模型、家具、农药罐、工业用转运器具等产品（图5-2-9）。与其他成型方法相比，滚塑成型所能生产的产品品种较少。

八、浇铸成型

浇铸成型是将加有固化剂和其他助剂的液态树脂混合物料倒入成型模具中，在常温或加热条件下使其逐渐固化而成为具有一定形状的产品的一种成

图5-2-6　热成型ABS塑料板

图5-2-7　热成型制品

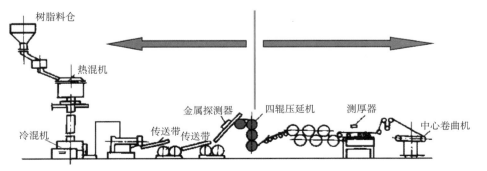

图5-2-8　压延成型

图5-2-9　滚塑成型制品

型方法，如图5-2-10所示。浇铸成型工艺简单，成本低，可以生产大型产品，适用于流动性大而又有收缩性的塑料，如有机玻璃、尼龙、聚氨酯等热塑性塑料和酚醛树脂、环氧树脂等热固性塑料。

九、搪塑成型

搪塑成型可以用于制作人体模型或吉祥物等柔软的中空产品。用于搪塑成型的塑料原料是聚氯乙烯溶胶。

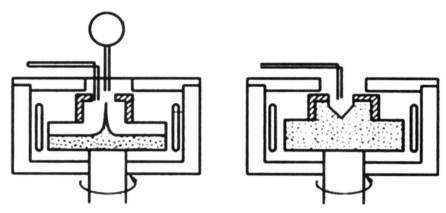

图 5-2-10　浇铸成型

▶▶ 第三节　塑料的二次加工

塑料的二次加工主要包括连接工艺和表面装饰（图5-3-1）。

一、连接工艺

在产品设计中，经常需要将两种塑料部位或塑料零件与金属零件进行连接。尤其对于那些需要装配于机械设备内部的塑料产品，这种连接需求更为普遍。连接方式大致可分为机械连接、粘接连接、熔合连接3种。

在设计连接部位时应注意的是，产品有无开合要求，若有则需综合考虑开合的频度、连接部位的强度、外观、加工质量、是否需要装配、所用树脂的适应性、连接加工的成本等，而后再确定连接部位的设计方案。

塑料连接工艺常用到以下几种方法。

（1）使用黏结剂。多数塑料是可以用黏结剂粘接的，但聚乙烯、聚丙烯、尼龙、聚缩醛等不能用黏结剂粘接。在产品设计中注意不要让连接部位的黏结剂弄脏产品的外观。

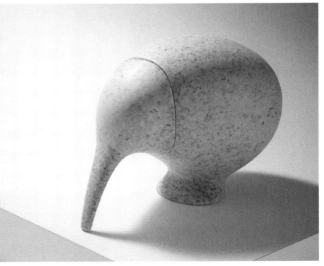

图 5-3-1　塑料材质的表面装饰技术

（2）热风焊。这种方法与金属的焊接相同。使用热风焊枪把需要连接的塑料板与相同材料的焊条同时加热熔融，再把它们连接起来。这样的连接其表面相当粗糙。

（3）热板方式连接。这种方式是把具有同一截面的塑料成型品或板抵住热板使它们相对，再连接起来。这种方式因为容易产生飞边，所以有必要进行后续加工。在批量加工时可以进行机械连接。

（4）热熔法。这种方法是利用经过加热的金属工具按压在塑料的凸起部，使其熔融而连接的方法，适用于ABS塑料。

（5）旋转熔接法。这种方法是将两个部分连接在一起的方法，其中一个部分保持固定，另一个部分进行旋转。利用这种旋转产生的摩擦热量使材料熔化，从而实现连接；但这种连接方法仅适用于连接部位形状为圆形且材料为热可塑性树脂的产品，对于大型产品可能不太适用。

（6）超声波熔融法。这种方法是在产品的连接部位用超声波的力引起摩擦，利用摩擦所生的热来进行熔融连接的方法。对热可塑性树脂产品可用此方法，可进行高速加工，形状也可以是任意的。

（7）使用螺钉连接。螺钉连接是机械性连接中最常用的方法之一。常用的螺钉包括螺丝和自攻螺钉等。螺钉的螺旋体有多种形状，这取决于其用途和性能要求。然而，这种方法并不适用于容易开裂的塑料，如聚乙烯树脂。

（8）利用弹性连接。弹性连接是利用塑料的弹性来实现塑料之间的机械性连接的。这种连接方式没有固定的方式，而是根据应用需求进行设计。结构方式有多种，包括固定式、半固定式和可拆卸式等。这些结构方式可以根据具体的应用场景和要求进行选择和设计，以满足不同的连接需求。

二、表面装饰

塑料产品有多种表面装饰的方法，大致可分为两类：一类是着色，包括特种着色（如木纹、大理石纹、金属质感等），以及在成型过程中实现的一次装饰（如皮纹和金刚石切削加工纹）；另一类是在成型后进行的二次装饰，包括涂饰、印刷、热烫印及电镀等技术。这些装饰方法中有如下几种重要的技术。

（一）着色

塑料产品具有一个明显的其他材料所无法比拟的多色彩着色性能。塑料原料有透明的、半透明的、不透明的3种，且各自具有固有的本色，固有的本色会影响着色效果，但除本色深浓的苯酚树脂外，大多数塑料都能着成所希望的颜色。透明的塑料比半透明、不透明的塑料着色性能好，着色范围更广。

（二）特种着色

1. 木纹

如照明器材的框架、扬声器的格栅及家具、桌上用品等各种需木纹装饰的产品，可以采用将发泡聚苯乙烯或ABS树脂着成木材的颜色，通过注塑发泡成型得到木纹。用这种工艺生产的产品有与真木材产品相同的感观。挤出成型取得木纹是利用另一种工艺，即将高浓度的着色母料断续加入整洁颜色的树脂颗粒中，在挤出产品时产生木纹的效果。这种效果会因产品的形状不同而有差异。

2. 荧光着色

幼儿的玩具、儿童的文具及二次加工用的丙烯树脂板经常采用荧光着色。荧光着色的色泽限于红、橙黄、黄、黄绿这几种，与其他颜色混合会损害光吸收性，所以不能混用。宜用荧光着色的树脂为丙烯树脂或聚苯乙烯这种透明树脂，当然，ABS树脂也可进行荧光着色，但效果不如前者。荧光着色材料价格不贵，但耐热性、耐气候性差。

3.磷光着色

在吊顶灯开关绳端部、壁灯开关及手电筒等产品中，常常使用磷光着色。这种着色材料的特点是它能储存光能，因此在黑暗中也能清晰可见。磷光的颜色效果多样，包括淡黄色、绿色和蓝色，这些颜色在磷光着色材料中都有良好的表现。然而，要注意的是，磷光着色材料不能与其他着色材料混合使用，否则会影响它的光吸收能力。

4.珍珠着色

化妆品的容器、梳子、纽扣及浴室用具常进行珍珠着色。珍珠色是在透明的塑料中混入适量的珍珠颜料而得到的。对于半透明的、不透明的塑料无法取得良好的珍珠色效果。也有采用混合树脂来取得珍珠色的方法，如在折射率高的聚碳酸酯树脂中混入丙烯树脂或ABS树脂可取得卓越的色彩效果。

5.金属化着色

对于需要有金属质感的，如汽车零件、工具箱、兵器等塑料产品，需进行金属化着色。金属着色剂采用铝粉或铜粉做成，把金属粉末掺入透明的树脂中，能取得反射性的金属化效果。金属粉末与透明着色剂配合使用，能产生新的效果，如铝粉与黄色着色剂配合使用，产品能产生金属的光泽，与蓝色着色剂配合使用能产生钢的光泽质感。对于挤出成型产品，可以在挤出时与铝箔复合挤出，或者在产品表面压接不锈钢薄板以取得金属色泽。

（三）热烫印

电视机外壳上的银色标志、化妆品瓶盖上的商标名、透明丙烯树脂上金色的厂名及商标等标志，都是采用热烫印的方法取得的。热烫印的方法是利用压力与热量熔融在压膜上涂覆的黏结剂，同时将蒸镀在压膜上的金属膜转印到产品上。塑料产品需着金属色时，这种方法比电镀、真空镀膜、阴极真空喷涂操作简便且成本低。

（四）贴膜法

婴儿浴盆、圆珠笔等产品上印有的漂亮花卉或动物图案大多是采用贴膜法取得的。贴膜法是一种与成型同时进行的装饰方法之一。简单地说，这种方法是将预先印有图案的塑料膜紧贴在模具上，在成型产品的同时依靠树脂的热量将塑料膜熔合在产品上。压缩成型、吹塑成型、注塑成型都可采用这种方法。贴膜法在注塑产品上用得较广泛。

（五）镀覆

与金属产品一样，在塑料产品上也可以进行镀覆。镀覆的方法主要有真空镀与化学湿法镀两种。真空镀中有真空蒸镀法、阴极真空喷镀法、离子镀法。

第四节　常用的塑料

一、聚乙烯（PE）塑料

聚乙烯是乙烯经聚合制得的一种热塑性树脂。聚乙烯无臭、无毒，手感似蜡，外观呈乳白色，具有优良的耐低温性能（最低使用温度可达 $-100°\sim -70°$），化学稳定性好，能耐大多数酸碱的侵蚀（不耐具有氧化性质的酸），常温下不溶于一般溶剂，吸水性小，但由于其为线性分子结构，可缓慢溶于某些有机溶剂，且不发生溶胀，电绝缘性能优良。但聚乙烯对环境应力（化学与机械作用）是很敏感的，耐热性、耐老化性差。根据聚合条件的不同，可得高、中、低3种密度的聚乙烯。高密度聚乙烯又称低压聚乙烯，分子量较大，结晶率高，质地坚硬，耐磨、耐热性好，机械强度较高；低密度聚乙烯又称高压聚乙烯，分子量较小，结晶率低，质地柔软，弹性和透明度好，软化点稍低。聚乙烯易加工成型，其表面不容易黏结和印刷。聚乙烯塑料制品种类繁多，可用吹塑、挤出、注射等成型方法生产薄膜、型材、各种中空制品和注射制品等（图5-4-1），聚乙烯广泛用于农业、电子机械、包装等多个领域。

二、聚丙烯（PP）塑料

聚丙烯塑料外观呈乳白色半透明，无毒、无味，密度小（约为 $0.90g/cm^3$），耐弯曲疲劳性优良，化学稳定性好。常见的酸、碱有机溶剂对它影响不大，具有良好的电绝缘性。聚丙烯塑料成型尺寸稳定，热膨胀性小，机械强度、刚性、透明性和耐热性均比聚乙烯高，可在100°左右使用。但其耐低温性能较差，易老化。图5-4-2所示为聚丙烯塑料制品。

三、聚苯乙烯（PS）塑料

聚苯乙烯塑料具有质轻、表面硬度高、透明性好、易着色等特点，并且具有优良的电绝缘性、耐化学腐蚀性、抗反射性及低吸湿性。虽然产品尺寸较为稳定，具备一定的机械强度，但其质地脆且易裂，抗冲击性能较差，耐热性也欠佳。然而，通过改性处理，这些性能可以得到改善和提高，如高抗冲聚苯乙烯（HIPS）、ABS、AS等。聚苯乙烯塑料的加工性能良好，可采用注塑、挤出、吹塑等方

图 5-4-1　聚乙烯塑料制品

图 5-4-2　聚丙烯塑料制品

法进行加工成型。这种材料主要用于制造餐具、包装容器、日用器皿、玩具、家用电器外壳、汽车灯罩以及各种模型材料、装饰材料等（图5-4-3）。另外，经过发泡处理后，聚苯乙烯塑料可以制成泡沫塑料。

四、聚氯乙烯（PVC）塑料

聚氯乙烯塑料的生产量仅次于聚乙烯塑料，在各领域中得到广泛应用。聚氯乙烯具有良好的电绝缘性和耐化学腐蚀性，但热稳定性差，分解时放出氯化氢，因此成型时需要加入稳定剂。聚氯乙烯的性能与其聚合度、添加剂的组成及含量、加工成型方法等有密切关系。聚氯乙烯塑料根据所加增塑剂

的多少，分为硬质和软质两大类。硬质聚氯乙烯塑料机械强度高，经久耐用，常用于生产结构件、壳体、玩具、板材、管材等；软质聚氯乙烯塑料质地柔软，常用于生产薄膜、人造革、壁纸、软管和电线套管等，如图5-4-4所示。

五、有机玻璃（PMMA）

聚甲基丙烯酸甲酯俗称有机玻璃，主要分浇注制品和挤塑制品，形态有板材、棒材和管材等。其种类繁多，有彩色、珠光、镜面和无色透明等品种。有机玻璃质轻（约为 $1.18g/cm^3$），为无机玻璃的一半，且不易破碎，透明度高（透光率可达92%以上），易着色。有机玻璃的强度比较高，抗拉伸和抗冲击的能力比普通玻璃高7～18倍。耐水性及电绝缘性好，但表面硬度低，易划伤而失去光泽。有机玻璃耐热性低，具有良好的热塑性，可通过热成型加工成各种形状，可以采用切削、钻孔、

图 5-4-3　聚苯乙烯塑料制品

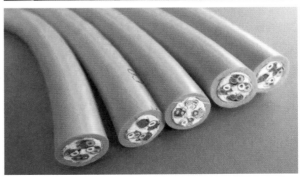

图 5-4-4　聚氯乙烯塑料制品

研磨、抛光等机械加工，以及采用黏结、涂装、印刷、热压印花、烫金等二次加工制成各种制品。有机玻璃被广泛用于广告标牌、绘图尺、照明灯具、光学仪器、安全防护罩、日用器具及汽车、飞机等交通工具的侧面玻璃等，如图5-4-5所示。

六、酚醛塑料（PF）

酚醛塑料俗称电木粉，是塑料中最古老的品种，至今仍广泛应用。酚醛塑料是由酚醛树脂加入填料、固化剂、润滑剂等添加剂，分散混合成压塑粉，经热压加工而得的。酚醛塑料机械强度高，刚性大，坚硬耐磨，密度为$1.5 \sim 2.2g/cm^3$；制品尺寸稳定；易成型，成型时收缩小，不易出现裂线；耐高温；电绝缘性及耐化学药品性好，成本低廉。酚醛塑料是电气工业中重要的绝缘材料，可用来制作电子管、插座、开关、灯口等（图5-4-6）。还可制作各种日用品和装饰品。酚醛泡沫塑料可做隔热、隔音材料和抗震包装材料。

图 5-4-5　有机玻璃制品　　　　　　　　图 5-4-6　酚醛塑料开关

≫ 第五节　项目实训——塑料创意生活用品设计

一、项目概述

　　塑料因其可塑性强的特性而被广泛应用于设计当中。本项目以塑料为基础材料，通过了解塑料的成型方法以及生产工艺，设计一款绿色环保的创意生活用品，旨在开拓学生的创新思维，提升学生的创意设计能力。

　　项目调研：通过用户调查、市场销售调查、企业调查、生产技术调查（包括塑料的成型工艺、塑料的二次加工工艺、塑料的表面装饰方法）、生活用品调查等，挖掘塑料创意生活用品的设计卖点。

　　项目定位：明确用户需求、当前设计理念、先进生产技术、新材料和新工艺、企业发展战略及技术发展趋势等因素，明确塑料生活用品设计的整体概念。具体包括品牌定位、人群定位、功能定位、结构定位、材料定位、技术定位、外形定位、市场环境定位。

　　造型设计：产品创意、功能设计、草图设计、方案效果设计、材质设计、色彩设计、展示设计。

　　方案评价和优化：技术要素、经济要素、社会要素、审美要素、环境要素、人机要素。

二、案例实操

（一）导赏

1. Tamburina 注塑椅子

　　Tamburina 注塑椅子的设计灵感来自民族乐器手鼓，在外观上运用了圆形的流线型线条，符合人体工程学。材质上设计师选择了透明塑料，以赋予其轻盈感和独特的外观，如图 5-5-1 所示。

　　优雅而简约的设计增添时尚气息，各种 Tamburina 椅子颜色将设计的空间质感提升到一个新的水平（图 5-5-2）。Tamburina 椅子因其质量轻和可叠放的特点，可以用于公共场所，如餐厅、咖

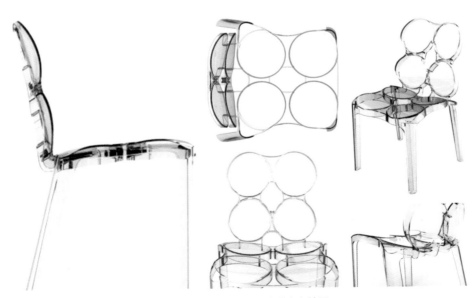

图 5-5-1　Tamburina 透明注塑椅子

啡馆、学校和私人场所（公寓或花园）等。

2. AROUND OBJECT 01设计案例

AROUND OBJECT 01是由韩国设计师Jin-sik YUN设计的一系列由泡沫塑料制成的创新家具，旨在摆脱传统建筑材料的泛化。他寻求通过"简单性"和"功能性"实现"多样化"，挑战了从物体到空间的材料"多样化"的新灵感领域，如图5-5-3所示。

AROUND OBJECT将泡沫塑料"多元化"，用作绝缘材料。产品使用的聚苯乙烯泡沫塑料作为一种不同的形象变化被应用于家具，这是一件兼顾视觉趣味性和实用性的作品，突出了石头形状及石形"群"的优势，如图5-5-4所示。

图 5-5-2　Tamburina 彩色注塑椅子

图 5-5-3　AROUND OBJECT 01

3. RE_ME设计案例

RE_ME系列是将有问题的塑料垃圾转化为新的功能对象，它由回收的塑料碎片制成，如图5-5-5所示。

图 5-5-4　AROUND OBJECT 01 局部效果展示

图 5-5-5　回收的塑料碎片

RE_ME系列有4个形状简单的对象：两种类型的凳子，长凳和酒吧凳，如图5-5-6所示。概念名称有一个简单的含义，来自remake me（重塑）。该案例倡导绿色设计，鼓励重新思考、再利用和回收。

4.可持续·艺术

我们见到的大多数花瓶要么是瓷器制品，要么是玻璃制品，其他材质的比较少见。首尔的设计师Jisun Kim用塑料袋设计了Poly花瓶系列。

她认为虽然塑料袋不环保，但回收后的塑料袋也有它独特的价值和美感，因此她就用塑料袋设计了Poly系列产品，呈现了如何将常用但经常被丢弃的东西变成美丽的物体，如图5-5-7所示。

她曾说，虽然塑料袋是人工合成的化学物品，但她想用它们来表达情感，通过轻松而没有张力的线条呈现出一种舒适的感觉，如图5-5-8所示。

从整体上看，她并没有采用传统花瓶的形状，而是极富创意地设计成各类有趣的形状，独具风格。在热压连接每一块之前，要设计合适的尺寸并切割成碎片（图5-5-9）。由于在经过热压之后，塑料的表现是不同的，因此每个花瓶都与众不同，即使使用相同的技术也会呈现出不一样的形态和风格，这也是这款产品最大的特点。不仅如此，由于塑料半透明，热压后产生的独特纹理看起来像光线通过的微小血管。

Poly花瓶是2021年雷克萨斯创意大师赛的获奖作品。Poly系列家居装饰还包括一盏由相同材料制成的灯，如图5-5-10所示。

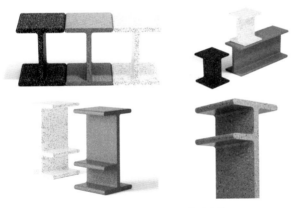

图 5-5-6　RE_ME 系列产品

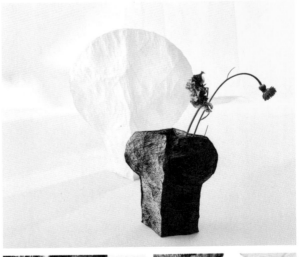

图 5-5-7　Poly 花瓶系列

图 5-5-8　Poly 花瓶局部效果展示

图 5-5-9   Poly 花瓶加工

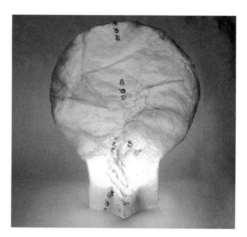

图 5-5-10   Poly 系列产品——灯

（二）项目实作

1.知识复习

问题1：图5-5-11（a）~（c）分别用的什么材料？

问题2：说明图5-5-11（d）~（f）所使用塑料的类别和加工工艺名称。

问题3：图5-5-11（g）~（i）使用的塑料材料有什么造型特点？

2.项目实训

设计一款塑料创意生活用品。

素质目标

（1）培养学生从绿色节能的角度合理选择产品材料的意识。

（2）培养学生对塑料加工工艺关联设计造型的意识。

（3）培养学生对加工工艺的美学审美意识。

知识目标

（1）掌握塑料的常用种类，合成方式和加工

（a）

（b）

（c）

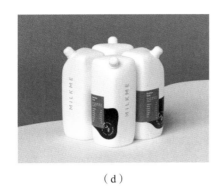

（d）

（e）

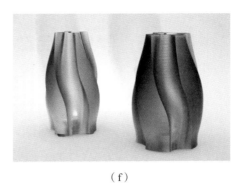

（f）

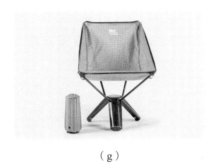

（g）

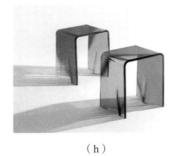

（h）

（i）

图 5-5-11　知识复习图

方法。

（2）了解不同塑料种类的造型和受力特征。

（3）掌握各种塑料在工业设计中的应用分类。

能力目标

（1）能正确合理地选择塑料材料和加工工艺表现材料的特性。

（2）具备塑料材料的设计造型能力。

（3）具备选用其他材料与塑料材料进行搭配设计的能力。

（4）具备对塑料材料及其加工工艺的设计审美能力。

第六节　学生作品赏析

图5-6-1所示的耳机外壳保护设计追求一种时尚、轻薄、安全的设计风格。整体选用硅胶外壳，细腻防滑不沾染灰尘，底部凹槽配合金属卡扣使用，不仅便捷牢固，而且配以精致的金属挂环，更增加了整体的时尚感，也为使用者的日常生活多了一些点缀，如图5-6-2～图5-6-4所示；但是在细节上还有一些欠考虑，如当耳机在打开和充电的时候，可以增加一个指示灯，让使用体验更上一层楼。

人的视力会随着年龄的增长而逐渐减弱，开始看不清远处物体和小字，这个时候就需要一款适合老年人又方便携带的放大镜。图5-6-5所示

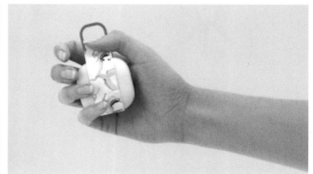

图5-6-1　耳机外壳保护设计　作者：唐林轩

图5-6-2　时尚感强的耳机外壳
选用了大理石纹样飘带设计，它不仅仅是装饰，更能防止丢失。

图5-6-3　金属卡扣设计
取用方便，也能防止掉落，增加了安全性。

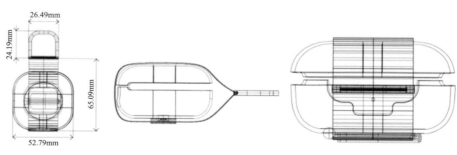

图5-6-4　建模设计
用精细的建模，精准的尺寸，来展现耳机外壳的完美比例。

的放大镜的设计在造型和材质上都优于目前市面上的普通放大镜。首先，在镜框和手柄的位置选用了强度高、韧性好、耐腐蚀、耐高温而又常被用于制造仪器的塑料外壳；其次，设计了LED灯功能，可在光线昏暗的地方开灯视物；最后，此款放大镜设计了电池槽，可以放置两节七号电池，供电充足，避免频繁换电池带来的不便，如图5-6-6、图5-6-7所示。这些贴心的实用功能极大地提高了老年人的使用舒适度，丰富了精神生活；但是在功能上还可以再丰富一些，如便携充电功能，增加一个外置充电口，可以避免更换电池。

图5-6-5　放大镜设计　作者：陈佳俊

图5-6-6　非球面镜片

镜片设计成了非球面镜片，通过这种镜片看到的物体不变形，材质上选用了K9光学优质镜片，透光强，视觉变形小，视物逼真，在不同使用距离上都能获得几乎无像面畸变，长时间使用不会产生不适感，能够有效地保护视力。

图5-6-7　放大镜设计细节

第六章　木材

第六章 木材

▶ 第一节 木材概述

一、木材的发展

木材是由树木产生的天然材料，它是人类使用最早的一种造型材料，是人们生活不可或缺的、重要的再生绿色资源。木材资源蓄积量大、分布广、取材方便、易于加工成型，自古以来都是使用最为广泛的材料。例如，1978年，在有七八千年历史的浙江余姚河姆渡遗址中发现了一件红色的木漆碗，这是中国现知最早的一件漆器，它的内胎是用木头制成的，外观呈椭圆瓜棱形，造型非常美观，充分展示了古代人们对木材的巧妙运用（图6-1-1）。

木材是树木采伐后经初步加工而得的，是由纤维素、半纤维和木质素等组成的。树干是木材的主要部分，由树皮、形成层、木质部和髓心组成。在树干横截面的木质部上可看到环结髓心的年轮。每个年轮一般由两部分组成：色浅的部分称早材（春材），是在季节早期所生长的，细胞较大，材质较疏；色深的部分称晚材（秋材），是在季节晚期所生长的，细胞较小，材质较密。在树干中部颜色较深的部分称为芯材；在树干的边部颜色较浅的部分称为边材（图6-1-2）。

中国木结构建筑的历史源远流长，早在3500年前，就已基本确立了以榫卯连接梁柱的框架体系。许多这样的木结构建筑已经历了百年甚至千年的风雨洗礼，仍然屹立不倒。在中国古代家具的设计与制作中，工匠们充分利用木材的天然色调和纹理美，连接方式主要采用榫结构，不仅美观大方，而且牢固可靠，充分展示了科学与艺术的完美结合。

图6-1-1 木漆碗

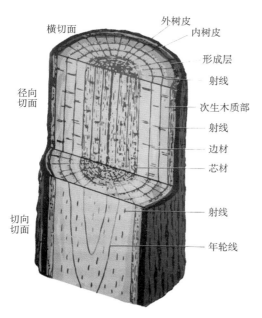

横切面　外树皮　内树皮

形成层

射线

径向切面　次生木质部

射线

边材

芯材

射线

切向切面

年轮线

图 6-1-2　树干的结构

木材的应用领域广泛，包括建筑、工业、交通、民用、农用等多个方面。如今，随着不可再生资源的日益枯竭，人类社会正逐步迈向可持续发展的道路。而木材以其独特的固碳、可再生、自然降解等天然属性，以及高强度与低质量比、低加工能耗等特性，为社会的可持续发展做出了重要贡献。

二、木材的性能

木材相较于其他材料，拥有多孔性、各向异性、湿胀干缩性、燃烧性和生物降解性等独特性质。为了更好地利用这些特性并最大限度地限制其可能带来的副作用，需要对木材进行恰当的处理和利用。木材的每立方厘米质量为 0.3 ~ 0.7g，与普通钢材的每立方厘米质量 7.8g 相比，其单位质量的强度（顺纹强度）还要高于钢材。

木材的主要特性有以下几个。

（一）易加工、易连接

木材除了可以用机械加工，还可以用手工工具加工，如图 6-1-3 所示；可以加工成各种型面，也可以进行弯曲、压缩、旋切等加工，如图 6-1-4 所示；可以以各种形式的榫接合，也可以用钉子、螺钉、各种连接件及胶黏剂接合，如图 6-1-5 所示。

（二）某些性能优于钢材

木材的导热性、导电性、声音传导性较小，热胀冷缩不明显，这些性能都优于钢材。

（三）具装饰性

木材具有天然的色泽和纹理，可以加工成美丽的花纹图案，是一种较好的装饰材料。

1.颜色

木材的色泽是由于细胞腔内含有各种色素、树脂、树胶、其他氧化物等物质，这些物质渗透到细

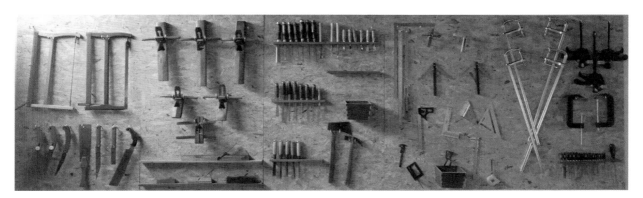

图 6-1-3　木材手加工工具

图 6-1-4　木材加工

图 6-1-5　木材连接

胞壁中呈现出各种颜色。不同树种的木材或同种木材的不同树区，都具有不同的色泽。例如，红松的芯材是淡玫瑰色，边材是黄白色，如图 6-1-6；杉木的芯材为红褐色，边材为淡黄色等。木材的纹理因其年轮方向而异，形成了粗、细、直、曲等各种形状。通过弦切、刨切等多种处理方法，可以截取

（a）红松边材　　　　　　　　（b）红松芯材

图 6-1-6　红松木材

或拼接出丰富多彩的绚丽花纹。

2.光泽

光泽是指木材对光线的反射与吸收的程度。光泽会随着木材放置的时间增加而减退，甚至消失。在对木制品的表面处理时，要求具有较好的光泽，以增加木制品的美观性（图6-1-7）。

图6-1-7　原木打磨后的自然光泽

3.纹理

纹理是指木材纵向组织的排列方向的表现情况。可以分为直纹理、斜纹理、波浪纹理、皱状纹理、交错纹理、螺旋纹理等（图6-1-8）。

（四）容易解离

木材可以用机械的方法打碎然后再胶合。刨花板、纤维板的生产就利用了木材的这种特性（图6-1-9）。

（五）容易腐朽和虫蛀

木材是一种有机物质，在生长和储存的过程中，易受菌、虫的侵蚀，使木材受到一定的破坏，影响其使用性能（图6-1-10）。

（六）干缩湿胀

木材和其他材料不同，在大气中易受环境的影响。当环境的温度和湿度发生变化时，常常引起木材的膨胀或收缩，严重时会发生开裂和变形，影响木材的使用，如图6-1-11所示。木材的含水率是指木材中水的质量占烘干后木材的质量的百分数。木材在大气中会根据周围空气的相对湿度和温度吸收或蒸发水分，直到达到一个恒定的含水率，这个恒定的含水率被称为平衡含水率。平衡含水率并不是一成不变的，它会随地区、季节及气候等因素的变化而变化。不同种类的木材其平衡含水率也有所

图6-1-8　木材纹理样式

（a）刨花板　　　　　（b）胶合板

图6-1-9　加工后的木材

图6-1-10　虫蛀和开裂

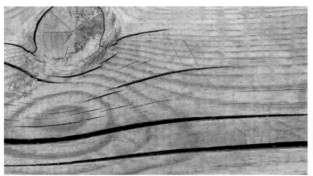

图 6-1-11　木材干裂和变形

不同，但通常为10% ~ 18%。

（七）各向异性

由于木材的构造在各个方向上不同，因此木材在不同的方向上的机械性能也有所不同。使用木材时应充分考虑到木材的这个特点。

（八）具有天然缺陷

由于木材是一种天然材料，在生长过程中受自然环境的影响，有许多天然缺陷，如节子、弯曲等，如图6-1-12所示。这些天然缺陷会影响木材的使用。

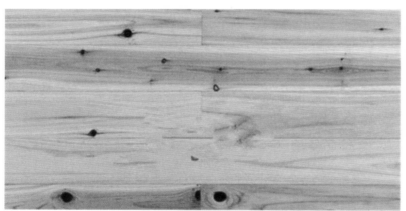

图 6-1-12　木材的天然树节

第二节　木材的成型工艺

木材在由制材品到制成品的过程中，常需要经过多种加工工艺，其中包括锯割、刨削、尺寸度量和画线、凿削、铣削、砍削、钻削、拼接，以及装配和成型后的表面修饰等。

一、木材的锯割

木材的锯割是木材成型加工中用得最多的一种操作。按设计要求将尺寸较大的原木、板材或方材等，沿纵向、横向或任一曲线进行开板、分解、开榫、锯屑、截断、下料时，都要运用锯割加工，如图6-2-1所示。

二、木材的刨削

刨削也是木材加工的主要工艺方法之一。由于木材经锯割后的表面一般较粗糙且不平整，因此必须进行刨削加工。木材经刨削加工后，可以获得尺寸和形状准确、表面平整光洁的构件。木材刨削加工的主要工具是各种刨刀。利用与木材表面成一定倾角的刨刀的锋利刃口和木材表面的相对运动，使木材表面一薄层剥离，完成木材的刨削加工。刨削使用的工具主要包括木工刨和刨削机床，如图6-2-2所示。

三、木材的凿削

木制品构件间接合的基本形式是框架榫孔结构。因此，在木制品构件上开出榫孔的凿削，是木制品成型加工的基本操作之一。木材凿削加工时的主要工具是各种凿子，利用凿子的冲击运动，使锋利的刃口垂直切断木材纤维而进入其内，并不断排出木屑，逐渐加工出所需的方形、矩形或圆形的榫孔，如图6-2-3所示。凿削使用的工具主要包括木工凿和榫孔机床。

图 6-2-1　锯割分解、开榫

图 6-2-2 手工、机械刨削

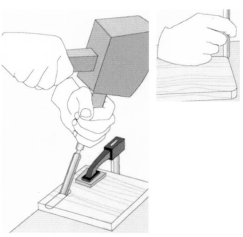

图 6-2-3 木材的凿削

四、木材的铣削

在木材成型加工中，加工凹凸平合、弧面、球面等形状是比较常见的，但由于其制作工艺比较复杂，这些操作一般是在木工铣削机床上完成的。木工铣床是一种万能型的设备，它能完成各种不同的加工，如直线成型表面（裁口、起线、开榫、开槽等）的加工和平面加工，但其主要用于曲线外形加工。此外，木工铣床还可用于锯削、开榫和仿形铣削等多种作业，它是木材制品成型加工中不可或缺的设备之一，如图6-2-4所示。

五、木材的表面处理

除了极少数高档木材，木制品通常都需要进行表面装饰工艺以提高其美观度和使用寿命。木制品表面涂饰的主要目的是装饰和保护。通过涂饰工艺，木制品表面可以形成一层光滑且有光泽的涂层，这不仅可以掩盖木材的先天缺陷，还能提高木材的装饰效果。此外，使用表面涂饰材料还可以提高木材的硬度，增强其防水防潮性能，增加天然木质的美感。同时，装饰手段还可以起到防霉防污的作用，从而延长木制品的使用寿命。

图 6-2-4　木材的铣削

（一）木材表面涂覆前处理

木材中含有树脂、色素和水分等物质，这些物质对涂层被覆的附着力、干燥性和装饰性都有直接影响。为了获得光滑洁净的表面、一致的颜色以及性能优良的被覆涂层，必须对木材表面进行适当的前处理。前处理的主要过程包括干燥和去毛刺等步骤，如图 6-2-5 所示。

（二）木材表面贴覆

表面贴覆是将面饰材料通过黏合剂粘贴在木材表面而成一体的装饰方法（图 6-2-6）。表面贴覆工艺中的后成型加工技术是近年来开发的板材边部处理的新技术。其工艺方法是：以木制人造板（刨花板、中密度纤维板、厚胶合板等）为基材，将基材按设计要求加工成所需的形状，覆贴底面的平衡板，然后用一整张装饰贴面材料对板面和端面进行覆贴封边。后成型加工技术改变了传统的封边或包边方式和生产工艺，可制作圆弧形甚至复杂曲线形的板式家具，使板式家具的外观线条变得柔和、平滑和流畅，一改传统家具直角边的造型，增加外观装饰效果，从而满足了消费者的使用要求和审美

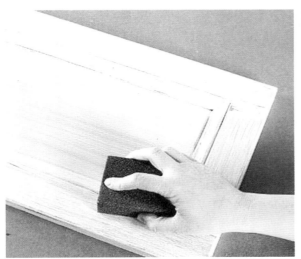

图 6-2-5　木材表面的前处理

要求。常用的面饰材料有聚氯乙烯膜（PVC 膜）、
人造革、DAP 装饰纸、三聚氰胺板、木纹纸、薄
木等。

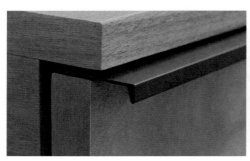

图 6-2-6　木材的贴覆处理

第三节 木制品的结构

木制品构件间的接合方式称为木制品的结构。传统的木制品最基本的结构形式是框架榫孔结构。近年来，由于材料、设备和工艺技术的改革和创新，出现了板式结构、曲木式结构和折叠式结构等。

一、榫接合

榫接合是木制品中应用广泛的传统接合方式（图6-3-1）。它主要依靠榫头四壁与卯孔相吻合，装配时，榫头和卯孔四壁均匀涂胶，装榫头时用力不宜过大，以防挤裂榫眼。通孔装配后可加木楔，以达到配合紧实的目的。

榫卯接合是传统的工艺，至今仍被广泛应用。其优点是传力明确、构件简单、结构外漏、便于检查。根据接合部位的尺寸、位置及构件中的作用不同，榫头有各种形式。榫根据木制品结构的需要有明榫和暗榫之分。

二、胶接合

由于木材具有良好的胶合性能，因此胶接合是木制品常用的一种接合方式，主要用于实木板的拼接及榫头和榫孔的胶合，如图6-3-2所示。其特点是制作简单、结构牢固、外形美观。胶接合的强度不仅与胶的质量和使用方法密切相关，还与木材的性质和胶层的厚度有关。一般来说，质地松软的木材胶合强度高，胶层的厚度越大强度越低。

黏结木制品的胶黏剂种类繁多，常用的有皮胶、骨胶、蛋白胶、合成树脂胶等。传统的优质胶采用鱼鳔熬制而成，需加热后使用。这种胶黏合强度高，耐水性好，但鱼鳔的资源有限，现在已很难见到它的踪影。近年来使用最多的是聚醋酸乙烯酯乳胶液，俗称乳白胶。这种胶是水性溶液，它的优点是：使用方便，具有良好的操作性能和安全性能，不易燃，无腐蚀性，对人体无刺激作用，在常温下固化，无须加热即可得到较好的干状胶合强度。固化后的胶层无色透明，不污染木材表面。但乳白胶耐水性、耐热性差，易吸湿，在长时间静载荷作用下胶层会出现蠕变，只适用于室内木制品。

三、螺钉与圆钉接合

螺钉与圆钉的接合强度取决于木材的硬度和钉

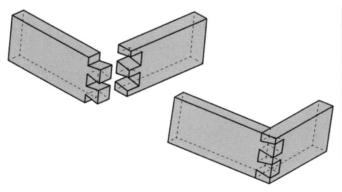

图6-3-1 榫接合

图 6-3-2　木材的结构胶合和封边

的长度，并与木材的纹理有关。木材越硬，钉的直径越大、长度越长，沿横纹接合强度越大；反之，则强度小。

四、板材拼接

木制品中较宽幅面的板材，一般都采用实木板拼接成人造板，如图 6-3-3 所示。采用实木板拼接时，为减小拼接后的翘曲变形，应尽可能选用材质相近的板料，用胶黏剂或既用胶黏剂又用榫、槽、销、钉等接合方式，拼接成具有一定强度的较宽幅面板材。拼接的接合形式有很多种，可根据制品的结构要求、受力形式、胶黏剂种类以及加工工艺条件等进行选择。

图 6-3-3　板材的拼接

第四节 常用的木材

一、原木

原木是指伐倒的树干，经过去枝去皮后按规格锯成一定长度的木料。原木又分为直接使用的原木和加工使用的原木两种。直接使用的原木一般用于电柱、桩木、坑木以及建筑工程等，通常要求具有一定的长度，且具有较高的强度。而加工使用的原木则作为原材料进行进一步加工，它按照特定的规格和质量要求，经过纵向锯割后得到的木料被称为锯材。锯材根据其宽度与厚度的比例关系，可以进一步分为板材、方材以及薄木等，如图6-4-1所示。

二、人造板材

人造板材是利用原木、刨花、木屑、小材、废材以及其他植物纤维等作为原料，经过机械或化学处理制成的。人造板材的使用有效地提高了木材的利用率（过去一般从一棵树木到制成家具或其他成品，其中材质的利用率不到30%），有利于解决中国木材资源贫乏的问题。

人造板材具有幅面大、质地均匀、表面平整光

（a）原木木料

（b）原木全屋应用

图 6-4-1 原木木料及其应用

滑、变形小、美观耐用、易于各种加工等优点，使其使用量日益增多。它广泛用于造船、家具生产、包装箱的制造，以及宾馆、展览厅、活动房、客车车厢的装修等。人造板的构造种类很多，最常见的有胶合板、刨花板、纤维板、细木工板和各种轻质板等，如图6-4-2所示。

图 6-4-2　人造板材及其在建筑中的应用

第五节 项目实训——木材创意产品设计

一、项目概述

木材作为一种历史悠久的材料，常被应用于人们的日常生活。本项目要求从木材产品的种类、连接结构等方面探索木材的创新应用，旨在开拓学生的创意思维，训练学生通过设计方法和技能提高设计创意能力。

用户调研：用户调研的目的是发现产品应用人群的各种需求、价值观、生活方式及审美观念等，建立用户模型，为产品设计定位提供参考依据。

设计定位：设计定位的内容包括人群定位、功能定位、结构定位、材料定位、外形定位、技术定位和市场环境定位等（图6-5-1、6-5-2）。

展开设计：产品创意展开一般有模块组合、功能分解、功能综合、功能还原、移植换元、意象类比、夸张强化和仿生模拟等方法。

二、案例实操

（一）导赏

1. SLEEPY-WOOD

SLEEPY-WOOD（图6-5-1）是由韩国设计师Jeongwoo SEO设计的。其设计灵感来源于电影中发光的森林，光线透过树干、树叶透出一种神秘且舒适的柔美感。这款情绪灯的设计创意为散发着柔光的树桩。本设计人群定位为需要睡眠引导的人群。功能定位分为物理功能和心理功能两种，前者

图 6-5-1 SLEEPY-WOOD

为夜灯和照明功能，后者为心理安抚和睡眠暗示，引导大脑开始睡眠模式。外形定位以仿生森林植物营造氛围感。材料定位以有机木质材质为主材，贴合设计创意中对森林感的还原。

2.Wooden Knives

设计师 Andrea Ponti 在多元文化背景下成长，并在工作中刻意寻求与不同文化环境的合作。这使得他特别擅长运用各种设计语言来表达文化环境间的差异，并且融合设计做得十分成功。Ponti 设计工作室设计的木质厨房多功能刀（图6-5-2），其设计定位是将美学和功能进行多元融合。环境定位为厨房用品。外形定位从人机学上考虑使用时省力、容易抓握、防滑以及在收纳时节约空间等。材质定位选用了胡桃和枫木两种材质，在保证质地强度的同时兼顾色彩和纹理的差异性。功能定位分为

锯齿刃和扁平刃。设计师在满足刀具使用功能的前提下，通过造型、材质和尺寸的设计变化为用户提供了更多的选择，并且打破了人们对传统刀具的认知。

3.KNOT stool

KNOT stool 是由韩国 found/Founded 工作室与 Groundot 合作设计的一款座椅类家具（图6-5-3）。该设计试图突破以往常用的连接方式，引入新的材质，创新木质材料的连接结构，从而获得全新的造型。本款设计巧妙地将木材与纤维带进行结构连接，用户可以自由选择木材和纤维带的颜色。不同的材质搭配多彩的颜色，增加了这款家具的外观趣味性。同时这种突破常规的连接方式，在保障功能的同时拓展了结构设计的材质边缘，为用户带来了耳目一新的使用感受。

图 6-5-2　Wooden Knives

图 6-5-3　KNOT stool

（二）项目实作

1.知识复习

问题1：看一看、查一查，图6-5-4中的这些木材是什么类别？

问题2：讨论一下你列举的设计案例，用了哪些木材加工工艺？

问题3：根据收集的案例，罗列常用原木的种类。

图 6-5-4　问题 1 图

问题4：列举几项木材与其他不同材质搭配时实现的创新产品设计？（图6-5-5）

2.项目实训

创新设计一款以木材为主材的日常消费品。

素质目标

（1）了解木材的加工工艺。

（2）培养学生对加工工艺在结构设计上的创新意识。

知识目标

（1）掌握木材的常用种类。

（2）了解木材加工工艺的造型和受力特征。

（3）掌握木材的加工造型特征。

能力目标

（1）根据设计定位，能合理选择木材的种类和加工工艺。

（2）具备良好的审美造型能力。

（3）根据设计调研，具备创新设计的能力。

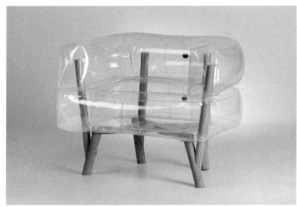

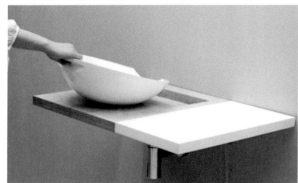

图 6-5-5　木材搭配的设计

第六节　学生作品赏析

一、室外家具

图6-6-1展示的是一款结合木材与竹材的室外系列家具。这款家具以茶马古道中普洱的竹文化为核心设计理念，选用当地的特产思茅松和竹材作为原材料。其设计保留了天然的质朴，展现了田园自然的美丽，简约而不失特色。这种家具适用于多种场景。家具细节如图6-6-2所示。

图 6-6-1　室外系列家具

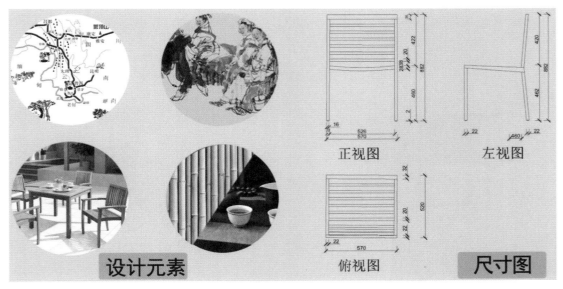

图 6-6-2　室外系列家具细节

二、猫屋

对于许多人来说，宠物已经成为生活中最珍贵的伙伴，它们的角色也在逐渐从"宠物"转变为"家人""朋友"甚至是"儿女"。随着住宅空间越来越多地与家庭宠物共享，家居系列不仅是人们生活的必需品，也成为人与动物之间互动的重要工具。更重要的是，回归自然不仅是人们对生活的追求和向往，对于宠物而言，也是它们天性的释放和追求。

图6-6-3所示为木质猫屋，此猫屋设计摈弃了过去那些让宠物产生抗拒的猫笼狗圈，大胆选用木质原料，希望在木纹温和的表达之下，削弱过重的工业化气息，为久居都市的"毛孩子"们带来清新自然的感觉。在木质猫屋的外观设计上，选择了简洁、干净、工整的自然家居风格。主体材料选用天然原木，朴素环保。门板为白色烤漆，整齐的打孔削弱了原本的单调，同时起到通风散味的作用。圆锥形的"外八"桌腿，倾斜角度经过多次精密测试，确保其稳定不易晃。右侧隔断供猫咪进出，下方为置物抽屉。隐藏式抠手，拉开后可以收纳猫砂铲等常用工具。隔断口铺设垫毯，这样可以有效避免猫砂被猫咪带出，从而保持室内的清洁。

作为家居的一部分，猫屋顶部用来放置生活小物，并在周边设置了凸出的挡板，防止物品掉落（图6-6-4）。

图 6-6-3　木质猫屋

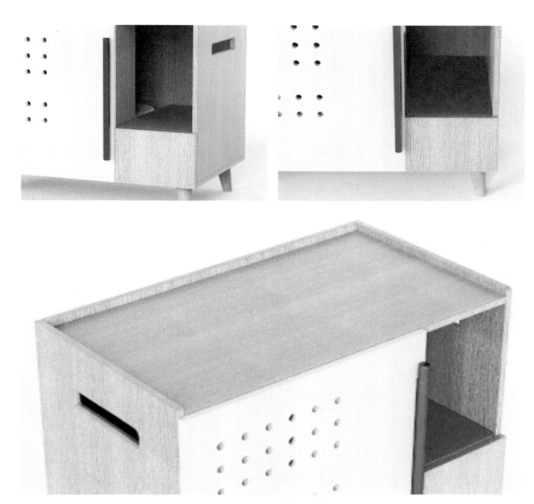

图 6-6-4　猫屋细节

第七章　陶瓷

第七章　陶瓷

第一节　陶瓷概述

一、陶瓷的定义

陶瓷是陶器和瓷器的总称，在中国具有悠久的历史。早在公元前8000年（新石器时代）中国就发明了陶器。陶器用陶土作胎，其胎体质地较舒软，敲击时会发出低沉而又浑浊的声音。而瓷器主要以瓷石或高岭土为原料，富含长石、石英石和莫来石等成分，并且含铁量低，敲击时会发出响亮而又清脆的声音。

陶器与瓷器的烧制温度不同，陶器的烧制温度为700°C至1200°C，通常表面不挂釉，即使挂釉也大多是低温釉。根据其烧制温度、工艺方法以及原材料的不同，陶器又分为红陶、黑陶、灰陶、彩陶等，如图7-1-1所示。而瓷器的烧制温度比陶器的烧制温度要高，一般为1200°C至1400°C，胎质致密，具有透明和半透明性，如图7-1-2所示。

二、陶瓷的分类

陶瓷有多种分类方法，不同的分类要求，其分类方法也不尽相同，人们一般习惯按以下方法进行分类。

按用途来分，可以分为日用陶瓷、艺术陈设陶瓷、建筑卫生陶瓷、电器陶瓷、电子陶瓷、化工陶瓷、纺织陶瓷等，如图7-1-3～图7-1-5所示。

按是否施釉来分，可以分为有釉陶瓷和无釉陶瓷，如图7-1-6、图7-1-7所示。

按陶瓷性能来分，可分为高强度陶瓷、耐酸陶瓷、高温陶瓷、高韧性陶瓷、透明陶瓷、磁性陶瓷、电介质陶瓷和生物陶瓷。也可以简单地分为硬质瓷、软质瓷、特种瓷三类。我国的瓷器以硬质瓷

图 7-1-1　各类陶制品

图 7-1-2　各类瓷制品

图 7-1-3　艺术陈设陶瓷

图 7-1-4　日用陶瓷

图 7-1-5　建筑卫生陶瓷

图 7-1-6　有釉陶瓷

图 7-1-7　无釉陶瓷

为主。该类瓷器胚体组成溶剂量少，烧制温度高，色白质坚，呈半透明状，质地坚硬，强度、化学稳定性和热稳定性高，如电瓷、高级餐具瓷、化学用瓷均属于此类。而软质瓷正好与硬质瓷相反，胚体内含的溶剂较多，烧制温度稍低，其化学性能、机械强度均低，如美术瓷、卫生用瓷、瓷砖等。特种瓷种类也很多，多以各种氧化物为主，如高铝质瓷以氧化铝为主，镁质瓷以氧化镁为主，钛质瓷以氧化钛为主等。

三、陶瓷在中国的发展

中国早在新石器时代就发明了陶器，是世界上最早发明陶器的国家之一，不仅在食器、装饰上使用，在科学技术的发展中也扮演着重要角色。

（一）原始时代的陶器

公元前 5500—5000 年，黄河流域裴李岗文化

第一次出现了双耳三足壶，该壶用红色的泥土烧制。河南仰韶文化最早出现彩陶，如典型的人面鱼纹彩陶盆，如图 7-1-8 所示。距今约 4000 年的马家窑文化类型的陶器，表面都经过打磨处理，器物表面光滑匀称，并用黑色单彩加以装饰，体现了当时人们的审美意识。另外，在中国的北方地区、西南地区、东南地区也都出现了大量的陶器。

（二）先秦时期的陶器

先秦时期的陶器类型主要有灰陶、红陶、黑陶、彩陶、白陶以及带釉的硬陶，其中带釉的硬陶釉色青绿而带褐黄，胎质比较硬，呈灰白色，如白陶雕刻饕餮纹双耳壶，并随着制陶技术的发展，陶的应用范围由以前的盛物器皿逐步向日用、建筑、殉葬和祭祀礼器等用品转变。（图 7-1-9 至图 7-1-12）

相关信息：白陶雕刻饕餮纹双耳壶，商，高22.1cm，口径9.1cm，足径8.9cm。器敛口，腹微

图7-1-8　人面鱼纹彩陶盆

图7-1-9　红陶

图7-1-10　黑陶1

图7-1-11　黑陶2

图7-1-12　白陶雕刻饕餮纹双耳壶

鼓，圈足，口下安双耳，足上有对称双孔。器身通体刻画饕餮纹。此器出土于河南省安阳市。其无论造型或纹饰，均模仿当时的青铜器，是商代白陶的典型器物。

（三）秦汉时期的陶器

秦朝统一中国后，也统一了制陶技术，陶器除了可以做成器皿类，还可以做成陶塑，最典型的就是兵马俑，如图7-1-13所示。汉朝的铅釉陶器，其表面的铅釉以氧化铁和铜着色，铅为基本助熔剂，在700℃左右开始烧制，属于低温釉陶，如图7-1-14所示。同时，铜能使釉呈现美丽的翠绿色，铁使釉呈黄褐色和棕红色，使得釉色更加精美。因此，挂有铅釉的陶器是汉代制陶工艺的伟大创新。

秦汉时期的陶瓷除了在器皿上使用，在建筑上也应用广泛，虽然秦朝的阿房宫和汉朝的未央宫都没有完整地保存下来，但是仍可以在残存的废墟中发现瓦当和汉砖等物品，如图7-1-15所示，借以略窥古代建筑的规模。

（四）魏晋南北朝时期的陶器

魏晋南北朝时期，江南陶瓷业发展迅速，所制器物注重品质，加工精细，可与金银相媲美，东晋南朝时期，出现了一种独特的、对后世产生深远意义的陶瓷品种——白瓷，它的胚体由高岭土或瓷石等复合材料制成，胎体坚硬、致密、细薄而不吸水，胎体外面施一层釉，釉色光洁、顺滑。这个时期的瓷器已取代了一部分陶器、铜器、漆器，成为人们日常生活最主要的器具之一，广泛应用于餐

图7-1-13　兵马俑

图7-1-14　铅釉陶器

图7-1-15　秦汉瓦当

饮、陈设、文房用具等。

（五）唐代陶瓷

唐代陶瓷在前人的基础上有了进一步的发展，其烧制的温度达到1200℃，瓷的白度有了进一步的提升，达70%以上，接近近代高级细瓷的标准（图7-1-16）。这一成就为釉下彩和釉上彩瓷器的发展打下了基础。

唐代有一种非常独特的陶瓷，就是众所周知的

唐三彩。因其以黄、绿、褐为基本釉色，故名为唐三彩。制作的根本就是在色釉中加入不同的氧化物，经过焙烧形成多种色彩。唐三彩的出现，标志着陶瓷的种类和色彩更加丰富多样。

（六）宋代陶瓷

宋代是我国陶瓷的鼎盛时期，"宋瓷"闻名世界，如定窑的白釉印花瓷，形制优美，高雅凝重。在胎质、釉料和制作技术等方面，不仅超越前人的

图 7-1-16　唐代陶瓷

成就，即使后人模仿也难以匹敌。

宋代有五大名窑，分别为定窑、汝窑、官窑、哥窑、钧窑。

（七）元代陶瓷

元代的瓷业较宋代衰落，但也有新的发展，如青花和釉里红的兴起。这个时期，白瓷成为瓷器的主流，釉色白中泛青，带动以后明清两代的瓷器发展，青花是在白瓷上用钴料画成图案烧制而成的，画料只用一种蓝色，根据其用色的浓淡，可以表现层次丰富的艺术效果，如图 7-1-17 所示。

釉里红则是以铜为呈色剂，是烧制瓷器中较难的一种，往往能呈现火红色或暗褐色，如图 7-1-18 所示，由于其相当不稳定，因此产量比青瓷要少，传世就更少了。因此，元代的釉里红又称瓷器中的贵族。

图 7-1-17　青花

图 7-1-18　釉里红

（八）明代陶瓷

明代以前的瓷器以青瓷为主，明代之后以白瓷为主，特别是青花、五彩成为明代白瓷的主要产品。到了明代，几乎形成了景德镇各瓷窑一统天下的局面，占据了全国的主要市场。因此，真正代表明代瓷业的就是景德镇瓷器。

（九）清代陶瓷

拥有数千年的经验，清代的瓷器可谓登峰造极，特别是清初，瓷器制作技术高超，装饰精细华美，成就不凡。这一时期比较有名的是珐琅彩，数量极少，传世品十分罕见，尤显珍贵，如图7-1-19所示。除此之外，粉彩瓷是继珐琅彩之后，清宫廷陶瓷的又一种创新，其制作工艺是在烧制好的胎釉上施加含砷物的粉底，涂上颜料后用笔洗开，由于砷的乳浊作用使颜色产生粉化的效果，如图7-1-20所示。另外，宜兴的紫砂也比较出名，紫砂是宜兴的一种特有矿产，一般呈赤褐色、黄色或紫色，主要用来生产茶具，如图7-1-21所示。

到了清代晚期，国运衰落，陶瓷制造业也日趋衰退。

图7-1-19　珐琅彩

图7-1-20　粉彩瓷

图7-1-21　紫砂壶

第二节 陶瓷材料的性能

陶瓷作为一种无机分子材料，具有很多优势，可以快速而简单地精确成型，质地坚硬，能长久地保持其物理特性。在日常生活、工业生产领域以及科学技术中都得到了广泛应用，具有高硬度、高熔点、刚性强等优点，同时具有导热性差、易碎等缺点。

一、陶瓷的力学性能

（一）刚度

刚度是由弹性模量来衡量的，弹性模量反映结合键的强度，所以具有强大化学键的陶瓷具有很高的弹性模量。相比其他材料，陶瓷的刚度是比较高的，比普通金属高若干倍。

（二）硬度

硬度是材料的重要力学性能参数之一，陶瓷的硬度是各类材料中最高的，取决于化学键的性能，随着温度升高，陶瓷的硬度会下降，即便如此，该材料在高温下仍有较高的数值。因此，硬度高、耐磨性好是陶瓷材料的主要优良特性。

（三）强度

陶瓷的理论强度很高，但由于晶体的存在，实际强度比理论值低得多，抗压强度、抗弯强度、抗拉强度都很低。因此，设计师在选择该材料时，要注意这种承载力的特点。同时，陶瓷耐高温强度高，一般比金属还要高，有很高的抗氧化性，适合作为高温材料。

（四）塑性

陶瓷的塑性很差，在温室下几乎没有塑性，不过在高温慢速加载的条件下，陶瓷也能表现出一定的塑性。

（五）韧性和脆性

陶瓷为脆性材料，其表面和内部会由于表面划伤、化学侵蚀、热胀冷缩等，造成细微的皲裂。当受到强烈的外力冲击时，裂纹处会产生很高的应力集中，由于不能形成塑性变形，使高的应力松弛，裂纹很快扩展发生裂变，因此脆性是陶瓷最大的特点。

二、陶瓷的电性能和热性能

陶瓷材料膨胀性低，导热性差，多为较好的绝热材料，因此大多数陶瓷是良好的绝缘体，根据其特性，经常用于制作电唱机、超声波仪、声呐、音箱等，充分体现了陶瓷的电性能和热性能。图7-2-1所示的luciano陶瓷蓝牙音箱设计，将音响技术与陶瓷艺术相融合，通体的陶瓷材料采用意大利独特的工艺代表nove打造而成，这款音响系统由纯手工打造，采用了HIFI领域中最优质的零件，在实验室中通过精准的均衡处理对声音品质进行优化，拥有出众的声音品质。

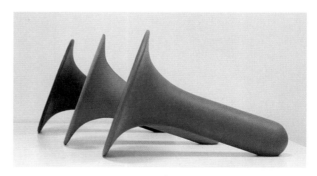

图 7-2-1 luciano 陶瓷蓝牙音箱

三、陶瓷的化学性能

陶瓷的分子结构非常稳定，在以离子晶体为主的陶瓷中，金属原子为氧原子所包围，被屏蔽在其紧密排列的间隙中，因此金属原子很难与介质中的氧发生作用，使其具有很好的耐火性或可燃烧性，即使在1000℃以上的高温中也是如此。陶瓷具有较强的抗腐蚀能力，与许多金属的熔体不发生作用。

四、陶瓷的气孔率和吸水率

气孔率和吸水率是检测陶瓷制品的主要技术指标。气孔率是陶瓷致密度和烧结度的标志，主要包括显气孔率和闭口气孔率。例如，普通陶瓷的总气孔率最大，为12.5%～38%，精陶为12%～30%，原始瓷为4%～8%，气孔率最低的为2%～6%。

吸水率是指陶瓷产品的开口气孔吸满水后，吸入水的质量占产品总质量的百分率。

第三节 陶瓷的成型工艺

总的来说，陶瓷的加工工艺主要分为5个阶段，其加工工艺步骤如表7-3-1所示。

表7-3-1 陶瓷的加工工艺步骤

序号	步骤	说明
1	制粉	将各种原材料（黏土）、石英、长石等按需细磨、混合
2	成型	制成需要的坯形
3	上釉	低温釉、高温釉
4	烧结	送窑炉中在规定的温度下烧制
5	表面装饰	进行表面加工、表层改性、金属化处理、施釉彩等表面装饰

一、制粉

制粉为陶瓷加工工艺的第一步，其原材料配制得好坏在一定程度上决定产品的质量，以及工艺流程、工艺条件的选择。坯料的配料主要分为白晶泥、高晶泥和高铝泥三种，而釉料的配料可分为透明釉和有色釉，配好料之后，不能直接制作，需要将原材料进行加工才能进入下一阶段。

根据陶瓷制品品种、性能和成型方法的要求，以及原材料的配方和来源等因素，可选择不同的坯料制备工艺流程，一般包括煅烧、粉碎、除铁、混合、搅拌、泥浆脱水、研磨等工艺，以改善原材料的质量和性能。

二、坯料成型

所谓成型，是指将配制好的材料制作成预定的形状，以实现陶瓷产品的使用与审美功能，是陶瓷加工工艺过程中的一个重要工序。由于陶瓷制品的种类繁多，坯件性能各异，制品的形状、大小、烧制温度不一，以及对各类制品的性质和质量的要求也不相同，因此所用的成型方法多种多样，这就造成了成型工艺的复杂性，主要有以下几种方式。

（一）拉坯成型

拉坯成型是传统制坯方法之一，它不需要磨具，由操作者手工控制，对操作技能要求高，需要在转动的辘轳上进行操作，借助螺旋运动的外力，让黏土向外扩展，形成桶状，然后操作者根据想要的坯体造型用手控制其形态，如图7-3-1所示。拉胚成型工艺不仅能提高工作效率，而且能制作比较精美的器具。随着科学技术的发展，现在拉胚成型都使用电动拉胚机器，可以拉塑大型的产品。

图 7-3-1 拉胚成型

（二）泥条盘筑成型

泥条盘筑成型是一种制作大型容器的原始方法，制作时先将泥料搓成长条，然后按器型的要求从下向上盘筑成型，再用手或简单的工具将里外修饰抹平，使之成器，最后呈现的就是叠加或螺旋形向上盘旋而构筑的形体，有着特殊的肌理和质感，如图7-3-2所示。

（三）印坯成型

印坯成型是人工用可塑软泥在模型中翻印产品的方法，如图7-3-3所示。该主法通常适用于形状不对称与精度要求不高的产品。宋代的许多影青薄碗就是印坯成型的，碗内的雕刻花纹也是转印上去的。

（四）挤压成型

挤压成型可以形成简单或复杂的交错平面形体，这种工艺以在模腔中挤压成型的塑性黏土混合物为基础，制出较长坯体，可以挤压进行切割。

（五）滚压成型

滚压成型是陶瓷可塑成型法中应用比较广泛的成型工艺，其主要原理是将盛放泥料的模型和滚压头绕着各自的轴进行一定速度的转动，通过对泥料进行"滚""压"的作用而成型。滚压成型有启动快、质量稳重的特点。

（六）铸型

铸型，一般多用注浆浇铸进行铸型，因此也称注浆成型，可分为传统的泥浆浇铸成型和高压铸模成型。在现代陶瓷产品中，注浆成型是陶瓷产品成型中一个基本的成型工艺，其成型的过程相对较为简单。

1.泥浆浇铸成型

将流动性泥浆注入已经做好的石膏阴阳磨具中，这时候泥浆的质量很关键，其含水量高达30%以上，呈乳脂状的黏土悬浮液。泥浆注入后，由于石膏具有吸水性，因此泥浆在贴近石膏模具壁时被模具吸水后会形成均匀的泥层，通常情况下，时间越长，坯层越厚，当达到一定厚度时，倒出多余的泥浆，模具中会留下一个成型的坯体，该坯体的泥层继续脱水收缩，与石膏模具脱离，最后将坯体取出，进行干燥即可成型。

2.高压铸模成型

高压铸模成型是注浆成型工艺的发展，也是技术进步的产物，将泥浆在高压下注入塑料模具中，这种工艺速度较快。

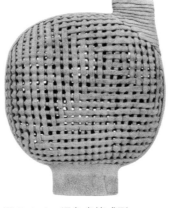

图7-3-2　泥条盘筑成型

图 7-3-3　印坯成型

（七）覆旋成型

覆旋成型是用湿黏土制作较为扁平的盘子，其制作原理是将盘状的黏土放入一个转动的模具上，转动时盘子会形成内壁，而金属靠模则形成盘子的外壁。该工艺能够进行自动化控制，可以批量化生产。

（八）仰旋成型

仰旋成型工艺与覆旋成型相似，主要用于制作较深的空心器皿，其制作工艺步骤如图7-3-4所示。

（九）塑压成型

塑压成型是制作卫生洁具和餐具产品的生产工艺，它使用多孔模具挤压陶瓷坯体来成型，常被用于制作坯壁较厚的产品，以满足高精度的要求。

图7-3-5所示为模具。

三、上釉

釉是陶瓷表面的一种玻璃质层，釉层能使陶瓷表面光洁美丽，同时使陶瓷制品易于洗涤，可以有效降低陶瓷的吸水率，从而使釉面的硬度增强，最终使瓷器经久耐用，如图7-3-6所示。

常用的上釉方法有很多，如浸釉、淋釉、喷釉、刷釉和甩釉等，由于釉对窑内气温较为敏感，因此烧成的产品在釉色、釉质等方面会存在一定的

图 7-3-5　模具

```
挤压预制好的黏土泥段
        ↓
切割成圆盘状，使其接近成品造型
        ↓
将其放进固定的辘轳中心的旋轴上
        ↓
在辘轳的旋转中，黏土在模具中被拉起来形成坯壁
        ↓
再用模型刀刮掉多余的坯料泥
        ↓
最后制作出精准的空心器皿轮廓
```

图 7-3-4　仰旋成型工艺步骤

图 7-3-6　上釉

差异，甚至胎釉成分完全相同的器物，也会因为在窑内的位置不同，烧成后会呈现不同的釉色。由此可见，釉的出现，使陶瓷材料出现了更多的不确定性。作为产品设计师，应该对材料抱有好奇心，用科学、实验的态度对其进行研究。

四、烧结

除了一些不需要进行烘烤就可以使用的先进陶瓷材料，其他陶瓷材料都需要烘烤或烧结后才能投入使用。陶瓷素坯在烧结前是由许多单个固体颗粒组成的，在坯体中存在大量的气孔，当对素坯进行高温加热时，素坯中的颗粒发生物质迁移，达到某一温度后坯体收缩，出现晶体长大，伴随气孔排出，最终在低于熔点温度下（一般为熔点的50%～70%）素坯变成致密的多晶陶瓷制品，该过程就称为烧结，如图7-3-7所示。

五、表面装饰

表面装饰是陶瓷加工工艺流程中的最后一步，能使陶瓷制品更加美观。常见的陶瓷表面装饰工艺

图7-3-7　烧结

有施釉装饰、刻花、饰金等。

（一）施釉装饰

要了解施釉装饰，首先要了解釉面层，釉面层是将石英、长石、高岭土等为主要原料制成浆体，涂于陶瓷坯体表面的二次烧成的连续玻璃质层，从而改善陶瓷制品的表面性能和提高其力学性能。如果按其外表分类，可以分为透明釉、乳浊釉、有色釉、光亮釉、碎纹釉等；如果按彩瓷工艺的方法分类，可以分为釉下彩、釉上彩、青花加彩、素三彩和色地彩，表7-3-2所示。

表7-3-2　釉面层的分类

釉面	说明	特点	举例
釉下彩	彩色纹饰呈现在瓷器表面釉的下面	彩色画面不直接暴露于外界	三国和南北朝时期的高温青瓷釉下彩、唐代长沙窑釉下彩（图7-3-8）、釉里红、釉里三色（图7-3-9）等
釉上彩	彩色纹饰呈现在瓷器表面釉的上面	色彩鲜艳光亮，装饰艺术性强	北朝的黄釉绿彩、白釉绿彩、珐琅彩、粉彩、胭脂彩等
青花加彩	用青花与其他釉上彩结合	图案丰富，艺术感强	成化时期的斗彩、万历时期的青花五彩、青花紫衫等
素三彩	没有红彩装饰的多色彩瓷	低温彩釉瓷器，器表纹饰不施红彩，素净幽雅	清代康熙时期的素三彩最为出名
色地彩	以各种不同的色彩为地，再施加一种彩为饰，各种色彩互相交错使用形成"一地一彩"的瓷器	灵活多变，色彩互相交错	明代永乐时期的黄地绿彩、绿地白彩

图 7-3-8　唐代长沙窑釉下彩　　　图 7-3-9　釉里三色

（二）刻花装饰

刻花装饰是用刀具在胎上刻出花纹，然后上釉烧制（7-3-10）。其特点是着力较大，雕刻较深，花纹有层次。根据手法进行分类，可以分为刻画装饰、剔画装饰。刻画装饰的操作步骤如图7-3-11所示。

图 7-3-10　刻画装饰

剔画装饰的操作步骤如图7-3-12所示。

在作品的生坯表面喷或刷一层清水

↓

然后喷或刷一层不流动并与坯体颜色区别较大的底釉

↓

将设计好的纹样用剔刀、刻刀或其他工具剔掉纹样

↓

再用陶针剔刻出结构与细部，被剔掉的部分显现出坯体的本色

↓

剔画完成后入窑烧制而成

图 7-3-12　剔画装饰的操作步骤

（三）饰金

饰金是指将金、银等贵金属装饰在陶瓷表面釉上，这种方法仅限于一些高级精细制品。金装饰陶瓷有亮金、磨光金和腐蚀金等，亮金装饰金膜厚度很薄，所形成的金膜容易磨损。磨光金的厚度远高于亮金装饰，比较耐用。腐蚀金装饰是在釉面用化学溶液涂刷无柏油的釉面部分，使附着于表面的釉层腐蚀。

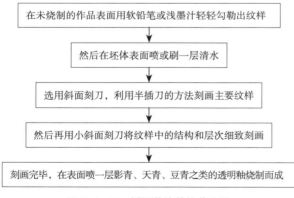

在未烧制的作品表面用软铅笔或浅墨汁轻轻勾勒出纹样

↓

然后在坯体表面喷或刷一层清水

↓

选用斜面刻刀，利用半插刀的方法刻画主要纹样

↓

然后再用小斜面刻刀将纹样中的结构和层次细致刻画

↓

刻画完毕，在表面喷一层影青、天青、豆青之类的透明釉烧制而成

图 7-3-11　刻画装饰的操作步骤

第四节　项目实训——陶瓷文创产品设计

一、项目概述

本项目以陶瓷为基础材料，以文创产品设计为切入点，以实用性为设计初衷，通过市场调研与用户需求分析，设计一款服务于消费者的文创产品，旨在提升产品的文化内涵，丰富产品的实用价值和审美价值，全面提高产品在市场中的竞争力，从而满足用户的情感需求。

项目调研：通过用户调查、市场调查、企业调查、生产技术调查、文创产品调查等，挖掘陶瓷文创产品的设计卖点。

项目定位：明确用户需求、企业生产加工能力、企业品牌形象及文化内涵等因素，明确陶瓷文创产品设计的整体概念，具体包括人群定位、功能定位、结构定位、材料定位、技术定位、外形定位、市场环境定位。

造型设计：包括产品创意、功能设计、草图设计、方案效果设计、材质设计、色彩设计、展示设计。

方案评价和优化：包括技术要素、经济要素、社会要素、审美要素、环境要素、人机要素。

二、案例实操

（一）导赏

图7-4-1所示是一套设计精美的陶瓷餐具，图7-4-1（a）为黄油盒，图7-4-1（b）为杯子，配以简单的现代装饰图案，搭配木质盒盖，给人一种清新、自然的感觉。整个造型线条简洁明快，没有任何多余的部件。

如图7-4-2所示，从制陶的材料和制陶工艺分析，此套陶杯是由一种含铁且呈黄褐色、灰白色、淡紫色等色泽，可塑性好的黏土捏制而成的，造型简单，具有陶器的高硬度与抗刮性，经久耐用并保持陶器的自然感和朴素感。

图7-4-3所示的创意茶具的设计灵感来源于花瓣，将花瓣一片一片环绕在一起，成为一套杯子，坯胎非常轻薄，体现了设计者对原料的处理有其独到之处，色泽质朴，特殊的表面处理，不易刮花，耐脏，光滑且手感舒适。

仿生陶瓷制品成为现代设计的一大亮点，它不仅能反映人们对审美的需求，也体现了设计师的真实工艺水准，其设计灵感来源于动物或植物形象。

（a）

（b）

图7-4-1　陶瓷餐具

图 7-4-2　陶杯

图 7-4-3　创意茶具

如图7-4-4所示，图7-4-4（a）模仿"龙"的元素，对龙进行细致刻画，辅以云纹，将龙的气势深刻地表达出来；图7-4-4（b）将陶瓷与现代元素——可乐瓶进行思维碰撞，并在瓶身绘制具有中国文化内涵的纹样，使该陶瓷作品具有现代气息的同时具有一定的文化韵味；图7-4-4（c）所示的陶瓷作品通过模仿螺钉、螺帽等元素，使产品呈现工业化特征。

旅行的袋鼠（图7-4-5）为一款陶瓷花器，表面白净光滑，透出瓷器细腻的光泽，压扁的瓶身使产品的重心降低，视觉印象稳定，将袋鼠的造型与花器的功能进行完美结合，并搭配饱和度较高的色彩，使产品的形象更加可爱，创造出一种轻巧、活泼的感觉。如图7-4-6所示，此款设计作品名为瓜瓞绵绵，有子孙如瓜绵续不断、相继不绝之意，

（a）

（b）

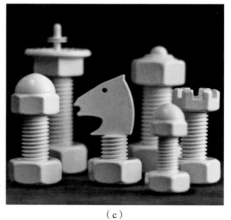

（c）

图 7-4-4　仿生陶瓷制品

图 7-4-5　陶瓷花器

图 7-4-6　艺术陶瓷香座

以此作为设计产品的构想，材料上运用陶瓷和金属搭配，结构上采用镂空结构，既可以作为室内装饰，又可以作为香座，兼具实用性和审美性。

如图 7-4-7 所示，该款作品是意大利设计师 T.Menozzi 设计的一系列陶瓷灯，是纯手工制作的，并带有定制的手工饰面。整个造型的线条流畅生动，

设计开口，方便微弱的暖色灯光从里透出，营造出温馨、浪漫的氛围，从造型中隐隐体会生活的艺术。

图 7-4-8 所示的创意陶瓷灯具展示了陶瓷材料加工工艺的生动之美，陶瓷材料的"硬"与造型的"软"结合，突出产品的对比之美，整个形态具有一定的韵律感和节奏感。

图 7-4-7　创意陶瓷灯

陶瓷材料广泛地应用于刀具设计中，如图7-4-9（a）所示，刀片与把手一体化成型，造型简洁美观，没有任何多余部件，具有时尚感；图7-4-9（b）所示刀具的陶瓷密度更细，刀刃孔隙更小，具有不生锈、易清洗、不留残渣等特点。

（二）项目实作

1.知识复习

问题1：图7-4-10（a）～（c）分别用的什么材料？

问题2：讨论一下图7-4-10（d）～（f）陶瓷材料的文化内涵。

问题3：讨论一下图7-4-10（g）～（i）陶与瓷的区别。

2.项目实训

选择一个设计元素，对其进行解析和重构，完成一组陶瓷造型设计。

图 7-4-8　陶瓷灯具

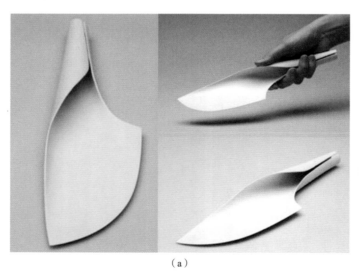

（a）　　　　　　　　　　　　　　　　（b）

图 7-4-9　陶瓷刀具

（a）   （b）   （c）

（d）   （e）   （f）

（g）   （h）   （i）

图 7-4-10　知识复习图

第五节　学生作品赏析

如图7-5-1所示，这是一款兼具传统香器形韵与现代技术，给人以现代感的熏香器。香器经历数千年中华文化的洗礼以及近现代中西文化的交流碰撞，其形态、材质和色彩运用等方面千变万化。本设计在总体形态上选取"梅、兰、竹、菊"4种植物形态，外形上汲取西方花瓶艺术造型特色，线条流畅舒展，整体造型开放简约，没有过多纹饰，呈现出当下广受欢迎的现代简约风格。

敦煌受中原、印度、西域文化的影响，其服饰融合了不同的文化更具有多元性。敦煌飞天系列茶具的设计灵感来自当地风格独特的服饰——外观飘逸的裙披式飞天服，壶把的设计也借鉴了飞天服飞动流畅的帔帛，动静相宜，十分具有艺术美感。而茶托的设计灵感来自敦煌古乐器琵琶（图7-5-2）。最后，作品的颜色取自飞天舞服，由灼影绿、朱砂红、赭石、荷红和佛手黄渐变而成，整体色调古朴含蓄而不失明艳大气。

图 7-5-1　香器设计　作者：吴文燕

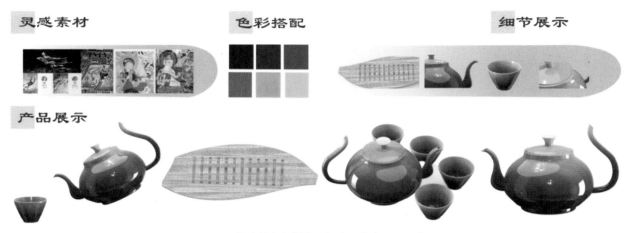

灵感素材　　色彩搭配　　细节展示

产品展示

图 7-5-2　敦煌创意文创茶具设计　作者：夏天杰

第八章　玻璃

第八章　玻璃

▶▶ 第一节　玻璃概述

一、玻璃的组成及分类

玻璃，中国古代称之为"琉璃"，是指熔融物冷却凝固所得到的非晶态无机材料，其主要成分为二氧化硅，一般通过熔烧硅土（砂、石英或燧石），加上助溶剂碱而得到。也可以加入其他物质，如石灰可以提高稳定性，镁可以去除杂质，氧化铝可以提高光洁度，加入各种金属氧化物能得到不同的颜色。

玻璃的分类方法很多，一般按照玻璃的化学成分、玻璃的特性和用途进行分类，这里不做详述，仅按玻璃的形式特点进行分类，以供参考，如表8-1-1所示。

表8-1-1　玻璃的分类

分类		说明
平板玻璃		平板玻璃上下表面平整平行，其厚度不同，其应用范围也不同。3mm规格的玻璃主要用于画框表面；6mm规格的玻璃主要用于外墙窗户、门扇等小面积透光造型；9mm规格的玻璃主要用于室内大面积隔断、栏杆等装修项目，如图8-1-1所示
深加工玻璃	在平板玻璃的基础上对其进行深加工，提高玻璃的性能	钢化玻璃是一种预应力玻璃，其抗拉强度、抗冲击力比普通玻璃强很多，主要应用于建筑、装饰、家具制造、家电制造、电子、仪表、汽车制造、日用制品等行业
		磨砂玻璃又叫毛玻璃、暗玻璃。是用普通平板玻璃经机械磨砂、手工研磨或化学方法将表面处理成均匀表面制成的。这种表面粗糙、透光而不透视的玻璃，主要应用于浴室、卫生间的门窗等
		喷砂玻璃是以水混合金刚砂，高压喷射在玻璃表面以此对其打磨的一种工艺，多应用于室内隔断、装饰、屏风等
		压花玻璃又称花纹玻璃或滚花玻璃，是采用压延方法制造的一种平板玻璃，具有隐私掩护作用和装饰作用，常应用于室内间隔
		夹丝玻璃又称防碎玻璃，将普通玻璃加热到红热软化状态时将铁丝或铁丝网压入玻璃中间制成，具有防火、防盗功能，主要用于屋顶天窗、阳台窗等
		中空玻璃是将两片玻璃的中间形成自由空间，并充以干燥空气，具有隔热、隔音、防霜等性能，其功能远远强于普通玻璃
		夹层玻璃是在两片玻璃或一片玻璃之间形成有机胶合层，避免玻璃破坏碎片对人体的伤害，多用于有安全要求的场合
		防弹玻璃是由玻璃和优质工程塑料经特殊加工得到的一种复合型材料，强度高，多用于银行、汽车或豪宅等对安全要求高的场合
		热弯玻璃是将玻璃加热，并进行弯曲形成的曲面玻璃。样式美观、线条流畅，突破了平板玻璃的单一性

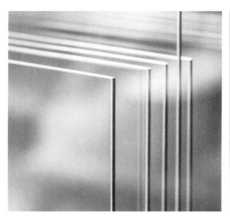

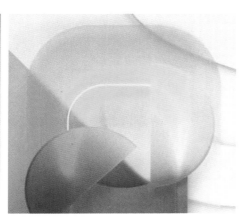

图 8-1-1　平板玻璃

总的来说，科学技术的进步为玻璃材料的发展提供了更多可能。目前，市场上还出现了很多优质的特种玻璃，如 LED 光电玻璃，是一种新型环保节能产品，既有玻璃的通透性，又有 LED 的亮度；又如调光玻璃，使用者通过控制电流的通断与否控制玻璃的透明与不透明状态。

二、玻璃材料的性能

（一）透明性

玻璃最基本的属性就是透明性，不同玻璃具有不同的透明度，有全透明的、半透明的，甚至几乎不透明的，如图 8-1-2 所示，有有色透明和无色透明，有非常纯净的透明，也有充满气泡杂质的透明。透明能营造纯洁晶莹的审美感受，含蓄而神秘，如图 8-1-3 和图 8-1-4 所示。

（二）反射性

因为透明，玻璃对光具有良好的反射性，如玻璃幕墙建筑能将天空、云朵以及繁华街景反射出来。在产品设计中，反射性带来的眩光给人一种千变万化、绚丽夺目的视觉感受。

（三）可塑性

不同的温度下，玻璃有不同的可塑性（图 8-1-5）。玻璃在不同的温度下呈现出固态、柔化、黏结、融化等状态，其相对应的成型方法也各有不同，具体工艺如表 8-1-2 所示。

图 8-1-2　玻璃的透明性

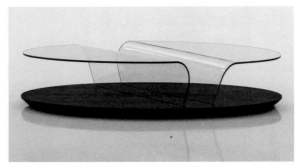

图 8-1-3　玻璃与家具

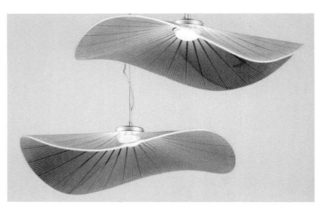

图 8-1-4　玻璃与灯具

图 8-1-5　玻璃的可塑性

表8-1-2　玻璃的状态及加工工艺

状态	加工工艺
熔融状态	流、沾、滴、淌、吹、铺、铸
半固态状态	捏、拉、绕、剪、压、弯
固态状态	磨、切、琢、钻、雕

（四）多彩性

玻璃材料具有多彩性，颜色极其丰富，如图8-1-6所示。在加工的过程中可以添加各种金属氧化物和其他化合物来改变它的颜色，如添加铁氧化物可以使玻璃变成绿色或褐色，添加氧化钴可以

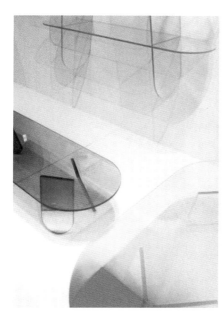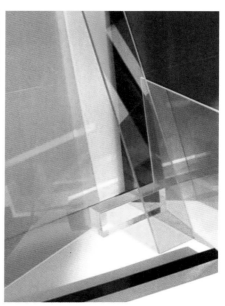

图 8-1-6　玻璃的多彩性

使玻璃变成蓝色，添加氧化铜可以使玻璃变成红色。

（五）稳定性

　　玻璃的化学性质比较稳定，有较长的使用寿命。玻璃虽然易碎但耐腐蚀性能好，不易褪色、风化。在室温下具有弹性，若表面无裂痕，则抗拉强度大。

第二节　玻璃材料的成型工艺

不同的玻璃品种在成型加工方面往往有所不同，但其过程基本可分为以下几步。

（1）原料预加工：将块状原料粉碎，使潮湿原料干燥，对含铁原料进行除铁处理，以保证玻璃质量。

（2）配合料制备。

（3）熔制：玻璃配合料在池窑或坩埚窑内进行高温加热，使之形成均匀、无气泡并符合成型要求的液态玻璃。

（4）成型：将液态玻璃加工成所要求形状的制品，如平板、各种器皿等。

（5）热处理：通过退火、淬火等工艺，消除玻璃内部的应力。

一、成型过程

所谓玻璃的成型，是指将熔融的玻璃液加工成具有一定形状和尺寸的玻璃制品的工艺过程。玻璃的成型工艺分为热塑成型和冷成型。常见的玻璃成型方法有吹塑成型、拉制成型、压延成型等。

（一）吹制成型

吹制成型是一项古老而又昂贵的玻璃成型技术，用于空心开口的玻璃容器成型，如图8-2-1所示，成品兼具装饰性和功能性。

其制作流程：先将玻璃黏料压制成型块，然后将压缩气体吹入处于热熔态的玻璃型块中，使之吹胀成为中空制品，如图8-2-2所示。吹制成型分为人工吹制成型和机器吹制成型。机器吹制和人工吹制最大的区别在于是否可以批量化生产，很显然，机器吹制是可以大批量生产的，如啤酒瓶的生产。

（二）拉制成型

拉制成型是利用机械引力将玻璃熔体制成制品的工艺。一般分为垂直拉制和水平拉制，主要用于加工平板玻璃、玻璃管和玻璃纤维等，如图8-2-3所示。

（三）压延成型

压延成型是利用金属辊的滚动将玻璃熔融体压制成板状制品，在生产压花玻璃、夹丝玻璃时使用

图 8-2-1　吹制成型玻璃制品

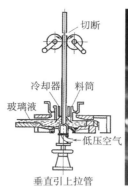

图 8-2-2 吹制成型

图 8-2-3 拉制成型原理示意图

较多。

随着科学技术的发展，新的成型方法不断出现，技术也不断更新，热弯、热熔以及脱蜡铸造等成型方法不断完善，新材料和新工艺层出不穷。

二、玻璃的二次加工

成型后的玻璃产品，除少数产品能直接使用之外，大多数产品都要经过进一步加工，也就是二次加工。常用的二次加工有冷加工和热加工。

（一）冷加工

冷加工是指在常温下通过机械方法来改变玻璃制品的外形以及表面肌理所进行的工艺过程。其基本方法包括切割、钻孔、黏合、雕刻、车刻、蚀刻、研磨与抛光等，如图 8-2-4 所示。

切割：根据设计要求，将大块玻璃切割成所需要的尺寸。因为玻璃硬度高，所以切割要选用专用

图 8-2-4 玻璃的冷加工

的工具，如玻璃刀，其由金刚石制作而成。

钻孔：一般采用研磨钻孔，用金属材质的棒体，如金刚石钻头、硬合金钻头加上金刚砂磨料浆，利用研磨作用，在玻璃产品上形成所需要的孔。也可以用其他方法，如电磁振荡、超声波、激光和高压水喷射等。

研磨与抛光：研磨是为了磨除玻璃制品的表面缺陷或成型后残存的凸出部分，使制品获得所要求的形状、尺寸和平整度。而抛光则使玻璃研磨后的毛面重新成为光滑、透明、有光泽的镜面，两者有密切的关联。

磨边：磨除玻璃边缘棱角和粗糙截面的方法。

喷砂与磨砂：使光滑的玻璃表面形成毛面。常用于表面装饰或配型造型，作为一种技法的表现。

刻花：用砂轮在玻璃制品表面刻磨图案的加工方法，包括草刻、精刻和艺术雕刻。

（二）热加工

很多形状复杂和要求特殊的玻璃制品，需要通过热加工进行最后成型。热加工可以改善制品的性能和外观质量，常用的方法有火焰切割、火抛光以及锋利边缘的爆口等，如图8-2-5所示。

火焰切割与钻孔：是用高速的高温火焰对玻璃局部进行集中加热，使其熔化达到流动状态，在高速气流的作用下，局部熔化的玻璃沿切口流失，对于玻璃容器也可采用内部通气加压的方式，使制品在加热部位形成孔洞。

火抛光：用火焰直接加热玻璃制品表面，在不变形的前提下，使其表面熔化而变光滑。

爆口与烧口：吹制的玻璃，必须切割去除上部和吹管相连接的帽盖部分，其切口常具有尖锐、锋利的边缘。因此，需要采用集中的高温火焰对尖锐、锋利的边缘进行局部加热，依靠表面张力的作用使玻璃在软化时变得圆滑，这种利用火焰进行切割的过程称为爆口。烧口就是用集中的高温火焰将制品口部局部加热。

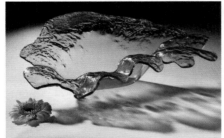

图8-2-5　玻璃热加工

第三节 玻璃的表面处理

一、彩饰

玻璃彩饰是利用彩色釉料对玻璃制品进行装饰的过程。常见的彩饰方法有描绘、喷花、贴花和印花等。彩饰方法可单独采用，也可以组合采用，如图8-3-1所示。

（1）描绘是按图案设计要求用笔将釉料涂绘在制品表面。

（2）喷花是将图案花样制成镂空型版紧贴在制品表面，然后用喷枪将釉料喷到制品上。

（3）贴花是先用彩色釉料将图案印刷在特殊纸上或薄膜上制成花纸，然后将花纸贴到制品表面。

（4）印花是采用丝网印刷的方式，将花纹图案用釉料印在玻璃制品表面。

值得注意的是，所有玻璃制品彩饰后都需要进行彩烧，才能使釉料牢固地熔附在玻璃表面，彩烧能使玻璃制品表面平整、光滑、鲜艳。

二、镀银

在陶瓷表面装饰中，有"饰金"的表面处理工艺，在玻璃制品中，也可以给表面进行镀银，玻璃镀银能使镜面呈现发光的效果，如图8-3-2所示。玻璃镀银首先要将玻璃清洗干净，之后用氯化亚锡敏化，纯水洗净，其次用银氨溶液加葡萄糖作为还原液，喷在玻璃表面静置一会儿，银会还原在玻璃表面，再次用纯净水清洗干净，最后烘干即可。

三、玻璃蚀刻

玻璃蚀刻是利用氢氟酸的腐蚀作用，使玻璃获得不透明毛面的方法，如图8-3-3所示，先在玻璃表面涂覆石蜡、松节油等作为保护层并在其上刻绘图案，然后利用氢氟酸溶液腐蚀刻绘所露出的部分。

四、装饰薄膜

装饰薄膜，顾名思义就是在玻璃表面贴膜，通过该方式可以改变橱窗及建筑玻璃的外观，如图8-3-4所示。

图8-3-1 彩饰

图 8-3-2　镀银工艺

图 8-3-3　玻璃蚀刻

图 8-3-4　玻璃表面贴膜

▶ 第四节 项目实训——玻璃创意家具设计

一、项目概述

本项目以玻璃为基础材料，从家具使用者的立场和观点出发，结合自己对家具的认识以及家具设计的发展趋势，通过市场调研和用户需求分析，对家具产品提出新的创造性构想，使家具既满足人在空间中的使用需求，又满足人的审美需求。

项目调研：通过用户调查、市场调查、企业调查、生产技术调查、产品调查等，挖掘玻璃创意家具的设计卖点。

项目定位：明确用户需求、企业生产加工能力、家具产品开发程序等因素，明确玻璃创意家具设计的整体概念，具体包括人群定位、功能定位、结构定位、材料定位、技术定位、外形定位、市场环境定位。

造型设计：包括产品创意、功能设计、结构设计、草图设计、方案效果设计、材质设计、色彩设计、展示设计。

方案评价和优化：包括技术要素、经济要素、社会要素、审美要素、环境要素、人机要素。

二、案例实操

（一）导赏

图8-4-1和图8-4-2所示为玻璃椅，该玻璃椅以日本设计师Shiro Kuramata的标志性座椅为设计灵感，通过简单的几何形体拼接而成，无须任何螺丝，在玻璃的表面加工处理上，采用渐变颜色进行色彩搭配，营造一种浪漫的氛围感，使其如彩虹一般迷人。

图 8-4-1 玻璃椅 1

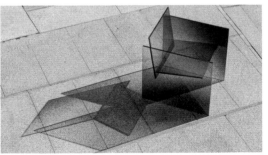

图 8-4-2 玻璃椅 2

玻璃家具通透明亮，充分展现玻璃的材料特性，采用冷加工工艺并进行巧妙的结构设计，使产品更加简洁，如图8-4-3～图8-4-5所示。

Ermics将色彩与几何形状融合，设计了Shaping Colour系列。该系列包含咖啡桌、边柜及书架，充分利用玻璃色彩的多样性与丰富性，将渐变颜色由两端向中间靠拢，仿佛透明彩色材料从桌底逐渐消失一般，带来新鲜有趣的视觉体验，活跃空间氛围。

慢慢降低色彩饱和度，能营造迷人、梦幻的视觉氛围感。

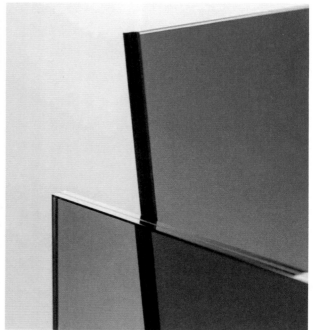

图 8-4-3　玻璃家具细节展示

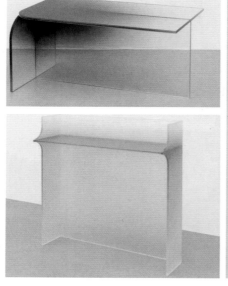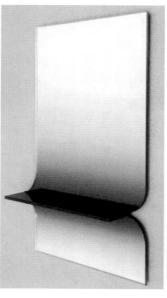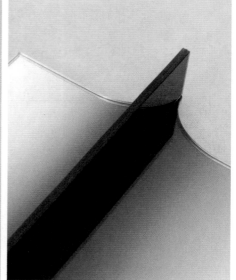

图 8-4-4　Shaping Colour 系列 1

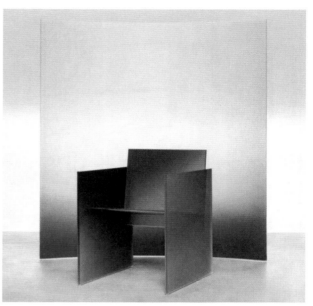

图 8-4-5　Shaping Colour 系列 2

Konstantin Grcic 无疑是当代德国炙手可热的设计师，他将玻璃晶莹剔透的特性表现得淋漓尽致，结合家具设计，塑造一种平滑、光洁、透明的独特美感，如图 8-4-6 所示。

玻璃材质通常被认为是冷冰冰的、脆弱的，但设计师 Konstantin Grcic 希望扭转人们的这种认识，他为法国家具厂商 Galerie Kreo 设计了一系列玻璃家具，将玻璃这种司空见惯的材料用活塞、曲柄、合页等配件连接起来，并带来意想不到的效果，如图 8-4-7 所示。

Cristina Celestino 为著名的意大利玻璃家具制造商 Tonelli Design 设计了一系列家具，该系列家具种类丰富，包括梳妆台、写字台、镜子、衣帽架和凳子，应用柔和的半透明玻璃材质，具有柔滑的视觉效果，如图 8-4-8 所示。

图 8-4-6　玻璃家具

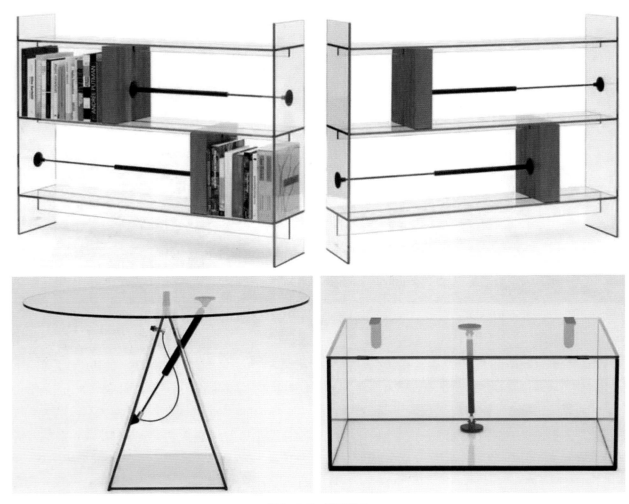

图 8-4-7　玻璃家具

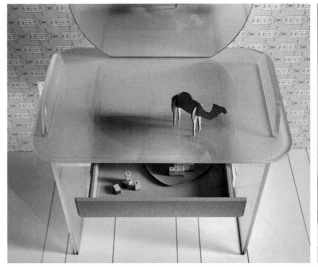

图 8-4-8　玻璃梳妆台

Spazio Pontaccio推出一系列彩色玻璃家具，简洁的几何形体凸显其清新现代的设计感，如图8-4-9所示。

该作品受到教堂彩色玻璃窗的启发，运用现代设计手法，使产品呈现古韵的同时又营造出俏皮感。

（二）项目实作

1.知识复习

问题1：图8-4-10（a）~（c）分别用了玻璃

的什么工艺？

问题2：讨论一下图8-4-10（d）~（f）所示玻璃材料的质感特征。

问题3：讨论一下图8-4-10（g）~（i）所示玻璃热加工和冷加工的造型特点。

2.项目实训

选择一个主题元素，完成一组玻璃容器的造型设计。

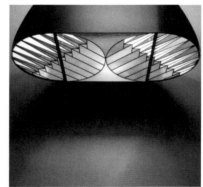

图8-4-9　玻璃家具

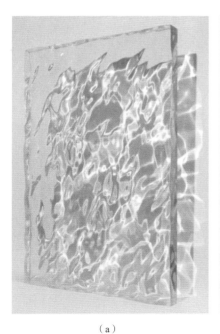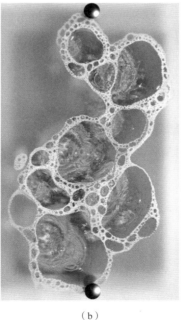

（a）　　　　（b）　　　　（c）

图8-4-10　知识复习图

（d）　　　　　　　　　　　（e）　　　　　　　　　　　（f）

（g）　　　　　　　　　　　（h）　　　　　　　　　　　（i）

图 8-4-10　知识复习图（续）

▶ 第五节 学生作品赏析

图 8-5-1 所示为一款有颜值的白琉璃花器，白琉璃为玻璃制作中最为常见也最为常用的一种材料，多用于内衬颜色，此设计大胆选用白琉璃来表现花器的主体，给人一种简约、耳目一新的感觉。因为是纯手工制作的，所以每一款都会呈现出不同的造型，可以根据不同的造型来选择适合的绿植进行装饰。灵巧可爱，只需几枝花草就可以呈现出有情调的花艺作品。但也正因为此设计是纯手工制作的，所以无法制作出形状和尺寸都统一的产品。

图 8-5-1 花器

图 8-5-1　花器（续）

即使不是在樱花纷飞的季节，也好像走进了樱花丛中。图 8-5-2 所示为一款少女心爆棚的锤纹花瓣玻璃餐具，让餐桌上开满樱花，幸福满满。此款玻璃餐具适合在多种场景使用，可作为沙拉碗、调料碗、作料碗等。

图 8-5-2　花瓣餐具

图 8-5-2　花瓣餐具（续）

第九章　纸材

第九章　纸材

▶ 第一节　纸材概述

一、纸材的发展历史

造纸术是中国古代四大发明之一，它的发明、发展和普及，形成了独具东方特色的中国古代纸文明形态，为人类文明的留存、传承和交流提供了极大方便。随着纸材质量的提高和新品种的出现，纸材的用途已不限于人们的文化生活，逐步成为工业、农业和建筑等方面的材料。

纸是从悬浮液中将植物纤维、矿物纤维、动物纤维、化工纤维或这些纤维的混合物沉积到适当的成型设备上，经过干燥制成的平整、均匀的薄页。纸的历史非常悠久，据记载，早在公元前1、2世纪，中国就有纸质材料。在纸发明之前，人们的书写载体主要有丝帛和竹简两种形式，如

图9-1-1所示。据考古资料记载，在殷周古墓就发现了丝帛的残迹，由此可见，那时的丝织技术就相当发达。当时丝帛是为贵族书写和绘画使用的，民间则仍用竹简。竹简多用竹片制成，也称为"简牍"，如图9-1-2所示，这也是我国最早的书籍形式。

随着社会经济的发展，出现了最初的纸，但工艺简陋，并且不适宜用于书写。直到公元105年，蔡伦发明造纸术，他用树皮、麻头及敝布、渔网等原料，经过锉、捣、抄、烘等制造工艺，形成了一套较为定型的造纸流程。汉代以后，虽然造纸工艺在不断地完善和成熟，但是这4个步骤基本没有变化，即使在现代，在湿法造纸生产的过程中，其生产工艺与我国古代传统的造纸术也没有本质上的区

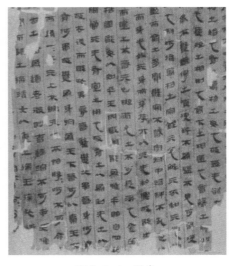

图9-1-1　丝帛

图9-1-2　竹简

别。到清代中期，我国手工造纸已相当发达，质量先进、品种繁多，作为中华民族数千年文化传播的物质载体功不可没。

纸发明之后，不仅在中国本土极为流行，也逐步传播到世界各地。据记载，约2世纪传至朝鲜，3世纪时传至日本、越南和中亚，7世纪前传至印度，8世纪时传至西亚，10世纪传至非洲，12世纪时传到欧洲，16世纪时传到美洲，并在19世纪传入澳洲。

二、纸材原料及造纸工艺流程

纸质材料的制造，首先在于原料的选择，早在西汉，中国已发明用麻类植物纤维造纸。即使在现代社会，纸质材料也主要是以纤维原料为主。我国的纸质原料30%为木材，55%~60%为草类原料，其他原料占10%~15%，未来的造纸工业发展，我国的选材仍然是因地制宜、草木并举，充分利用当地的自然资源，逐步增加生林的速度，进一步提高木材原料在配比中的占比。

纸的生产分为制浆和造纸两个基本过程。制浆是以一定的技术手段通过机械方法、化学方法或者两者结合，将植物纤维原料离解变成本色纸浆或漂白纸浆。而造纸则是把悬浮在水中的纸浆纤维，经过加工结合成合乎要求的纸页。具体制作工艺如下。

（1）通过贮存使得原料自然发酵（贮存的量足够用4~6个月，保证造纸厂的连续生产）。

（2）经备料工段把芦苇、麦草和木材等原料切削成料片。

（3）将小片原料放到蒸煮器内，加入化学药液，用蒸汽进行蒸煮成纸浆，或者把木段送到磨木机上磨成纸浆，也可经过一定程度的蒸煮再磨成纸浆。

（4）将纸浆清洗，筛选和净化纸浆中的粗片、节子、石块和沙子。

（5）用漂白剂将纸浆漂到所要求的白度。

（6）利用打浆设备进行打浆。

（7）在纸浆中加入能改善纸张性能的填料、胶料、施胶剂等各种辅料，并进行再次净化和筛选。

（8）在造纸机上经过滤水、压榨脱水、烘缸干燥、压光卷曲。

（9）进行分切复卷或裁切生产。

除以上基本过程外，还包括一些辅助过程，如蒸煮液的制备、漂液的制备、胶料的熬制及蒸煮废液和废气中的化学药品与热能的回收等。

三、纸材的分类

纸的种类非常繁多，根据不同的分类方式，其呈现的种类名称也不一样，通常情况下，常用的分类方法有以下4种。

（一）生产方式

按照生产方式分为手工纸和机器制造纸。手工纸就是以手工制作为主的纸张，如中国的宣纸（图9-1-3），质地松软，一般用于绘画、书写等。机器制造纸是建立在机械化、工业化的基础之上的，如印刷纸、包装纸，现代社会机器制造纸占比很大。

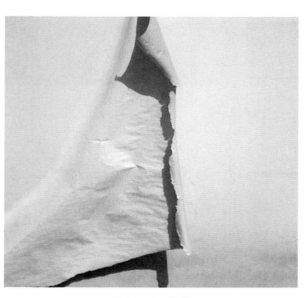

图9-1-3　宣纸

（二）用途

按纸的用途分为新闻纸、艺术纸、印刷纸、包装纸（图9-1-4）、日常生活用纸。如新闻纸，主要用于出版物，新闻用纸质地松软，富有良好的弹塑性，且表面光滑，印刷时字体清晰，同时新闻纸必须吸墨性强，方便油墨更好地固定在纸面上；而艺术纸，具有特有的色彩、肌理等，主要用来制作装饰性很强的艺术品。

（三）纸张的薄厚与重量

根据纸张的薄厚与重量进行划分，可以将纸分为两大类，即纸与纸板，如瓦楞纸就属于纸板的范畴，常用于包装与产品设计中，具有一定的承重性，还有蜂窝纸板，如图9-1-5所示，因其独特的力学结构，使其具有较高的抗压、抗拉强度，同时方便降解，体现了环保的理念。

（四）特殊性

根据纸的特殊性可以将纸分为普通用纸和特殊用纸。这里主要讨论一下特殊用纸，特殊用纸的种类也非常多，根据其应用的范畴，主要分为包装的特种纸（保鲜纸、防霉纸）、建筑纸板（消声纸板、活性炭纸、玻璃纤维纸等）、生活用的特种纸（厨房吸油纸、防雨纸等）、医药用特种纸（止血纸、水溶性纸等）。

近年来，随着科学技术的发展，特殊用纸在国内纸张市场发展迅速，对国内造纸业、设计行业和印刷业都产生了巨大的影响，由于特殊用纸的技术含量比较高，因此广泛地用于工业、建筑、农业等领域。

图9-1-4　包装纸

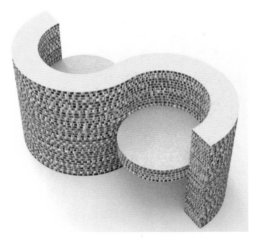

图9-1-5　蜂窝纸板

第二节　纸材的性能

一、纸材的物理性能

纸质材料虽然属于传统材料，但是与铜、铁等金属材料相比，无论是基本性质还是视觉感受，都完全不一样。比如纸质材料具有柔美、易折、易破等特性，其表面肌理能体现出独特的亲切感。经过特殊处理，也呈现出深沉典雅或粗犷豪放的特征。

（一）一般性能

纸张作为一种产品材料，常用于包装设计、印刷设计以及产品设计当中，正确认识纸材料的基本性质，对该材料的应用具有积极作用。纸材料的基本特性主要从以下几个方面进行掌握。

1.厚度

厚度是指纸张在两侧量板间受一定压力下直接测量的厚度，以mm为单位。一般来说，同一类型的纸质品，厚度大的纸品比厚度小的抗压程度更强。

2.紧度

紧度是指纸张结构的疏密程度，即有限面积中纸的质量。纸的紧度会影响纸张的脆度、不透明度以及纸的吸墨性。紧度也会影响纸张的各种物理性能，若紧度低，则纸的透气度高；若紧度高，则纸的抗拉强度大，撕裂度高，透明度高，正因为如此，紧度是衡量纸张强度和其他性能的指标。

3.定量

所谓定量，是纸或纸张在标准状态下的单位面积质量，通常用g/m²来表示，定量是纸的基本性质，关系产品的性能、价格。

4.正反面

任何纸张都有两个表面，分为正面和反面，这与造纸工艺有关，如贴在造纸机铜网面的为反面，另一个面则为正面。反面网印痕较清晰，表面粗糙；而正面背离网面，因此较平滑，细腻。

5.硬度

硬度是指纸张的抗压程度。由前文所知，纸含有大量纤维组织，因此纸张的硬度与纤维的粗硬程度相关，当纸张硬度小时，可以获得纸张清晰的印迹。

6.透气度

纸张的透气度与其厚度和紧度相关，通常情况下，纸质越薄，紧度越低，其透气性越大。

（二）机械性能

1.抗张拉力

抗张拉力是指纸张所能承受的最大拉力，用kg表示。

2.撕裂力度

撕裂力度是指从纸张边缘的不同方向施加相同的拉力去撕开纸张所需要的力，以N·m表示。撕裂度与纤维的平均长度及打浆状况有密切关系，与耐破度的值成反比。

3.耐破度

耐破度是指纸在单位面积上所能承受的均匀增大的最大压力。耐破度能反映纸张纤维的结合力与纤维强度。若纸张的纤维结合力强，伸长率高，则耐破度高，反之则低。

4.耐折度

耐折度是指纸张在受一定压力后，其能经受180°折叠至断裂的次数，耐折度反映了纸张耐揉折和抵抗剪切力的能力。

（三）光学性能

1.白度

白度是指纸表面白色的程度，以白色含有量的百分比来表示。

2.不透明度

不透明度是指单层纸反映被覆盖影像的显明程度。印刷纸、书写纸、证券纸要求高的不透明度。而防油纸、描图纸要求高的透明度。

3.光泽度

光泽度是指纸张表面反射的程度。

（四）表面性能

1.平滑度

平滑度是指纸张的表面凹凸程度。

2.尘埃度

尘埃度是指纸张内部所包含的杂质含量，其杂质含量的多少会影响纸张表面的颜色。当杂质比较多时，也可以呈现特殊的肌理。

（五）纸张的可塑性

纸张的可塑性非常高，可有意和无意地制作各种形态，如图9-2-1所示，如偶然形态的创作，

通过破坏、揉、撕裂、变形、摩擦、打、刺、刮、燃烧等手段进行塑造，能从表面呈现出不同的视觉心理。除此之外，还可以通过切、折、曲等方法创造有机形态，能使纸张从二维转向三维，使纸更加生动活泼，更加具有生命力。

图9-2-1　纸的可塑性

二、纸材性能的改善和利用

科学技术的进步为纸材性能的改善提供了更多的可能，比如瓦楞纸和蜂窝纸的出现，可以加强纸的刚度以及强度。同时可以通过改善加工方式，如折曲、联结等，增加产品承受压力的持久性及载重量。

即使普通的纸板，设计师可以通过附加加强筋或经过简单的凹凸间隔的瓦状折曲之后其强度就会有显著的提高。据实践，对瓦楞纸进行有计划的分割、折叠，联结成椅、凳，能够承受一个普通成人的重量。

平常纸张易破裂，脆性大，强度很小。但经过一定卷曲、弯曲等加工之后，纸张的弹性和强度都可以得到有效的提升。图9-2-2所示为宜家推出的一系列纸质家具。

在纸质材料的运用设计中，可以通过插接、交错剪切等加工方式，做成抵抗强外力的包装盒（图9-2-3）。还可以利用纸的弹性，采用切割、折叠手法制成凹凸的视觉效果，用间隔剪切的方法同样可以增强纸张的弹性，创造出丰富的空间形态。总之，对于纸张性能的改善和利用的探索空间是广阔的。因此，需要设计师保持对材料的好奇心以及严谨的科学态度，挖掘纸材的更多可能。

图 9-2-2 纸家具

图 9-2-3 纸包装

第三节　纸材的加工方法

在现实生活中，人们每天都要接触各种各样的纸品，如包装用纸、印刷纸、日常生活用纸等，遍布人们生活的各个方面。纸的加工比较容易，其加工方法也很独特。

纸材料的加工工艺主要分为表面加工和立体式变形加工，如图9-3-1所示。表面加工主要通过切割、磨、压、揉等方式，创造出特殊立体触感以及肌理变化，且空间形态为平面式。而立体式变形加工用融化（糊状）、折叠、卷曲、变质、插接、切割、联结、编织等手段，创造出具有真实立体空间形态的纸品。尽管纸的加工方法有很多，但常用的且具有代表性的主要分为以下几种。

一、纸材的表面加工

揉：通过对纸张进行不同程度的施力，使纸张表面呈现一定的褶皱等肌理效果。

起毛：借助一定的工具，对纸的表面进行刮、磨、搓等加工，使纸的表面呈现凹凸毛糙的效果。

切割：通过刀具、剪刀等对纸的表面进行切割，呈现一定的镂空效果。

烧制：对纸的表面进行烧制，使纸的表面呈现特殊的纹理。

二、纸材的立体式变形加工

折叠：是纸质材料立体式加工方法中最常见的一种技法，深刻体现了纸材的塑性，通过折叠，使产品完成了从平面到立体的转化，折叠的方法主要分为"直线折"与"曲线折"。

弯曲：利用纸的弹性，从纸的相对两边向中间挤压，使纸呈现拱桥似的弯曲。

折曲：是"折"与"曲"两种方法的混合使用，通过曲折，使产品呈现弯曲的造型。

粘贴：将纸张利用胶水等工具连接在一起。

插、卡：借助结构将两个或数个单件组合成一件具有特定形式的立体作品，具有很强的趣味性和交互性。

综合利用：将两种或两种以上的立体加工方法混合起来使用，如切割加折叠、切割加弯曲、组合加折叠等，如图9-3-2所示。

图9-3-1　纸的表面加工

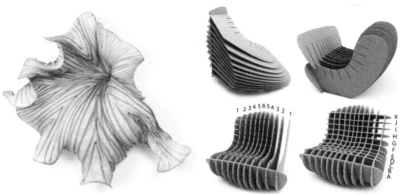

图 9-3-2　纸的立体式变形加工

三、立体造型

通过纸浆模塑的方法进行立体造型，其原料可以是植物纤维浆，也可以是废弃的纸浆，将其倒入特殊的模具中塑造一定形状的纸质品，如图9-3-3所示。纸浆模具制品的工艺更加具有环保性，原材料可以完全回收并循环利用。主要用于商品包装的衬垫，具有成本低、不污染环境和可回收利用等优点，是绿色包装的典型。

总之，对于纸材料加工工艺的选择，需体现纸品最终的设计需求，将纸作为一种造型介入设计，要丰富纸品设计的语义传达方式，其形体一定要美观、精致，具有一定的审美价值。

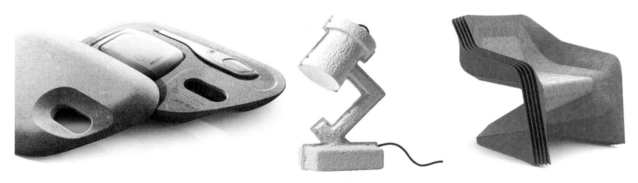

图 9-3-3　纸浆用品

第四节　常见的纸质品

一、瓦楞纸箱

瓦楞纸箱是由瓦楞纸纸板制成的容器（图9-4-1、图9-4-2），从发明至今仅有140多年，但是近年来发展迅速，在包装容器方面已取代木箱，具有如下优点。

（1）质量轻，仅为同规格木箱的1/5，结构性能好，对包装物能起到减振、防振的作用。

（2）对包装物品具有吸振、缓冲、防潮、密封、散热通风等多种保护功能。

（3）运输费用低，占据空间少。

（4）箱面可精美印刷，如图9-4-3所示，可在表面印制亮丽多彩的图形和图案，不但起保护作用，还可以宣传和美化内在的商品，满足各层次用户的需求，使瓦楞纸箱的功能从原来的包装保护逐步向美化商品、提升商品价值的方向发展。

（5）易回收，无公害，符合环保要求。

构成瓦楞纸箱的瓦楞纸板有多种类型，如图9-4-4所示，单面瓦楞纸板一般用作商品包装的贴衬保护层；三层瓦楞纸板多用于中包装和外包

图 9-4-1　纸箱

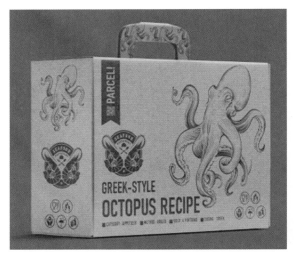

图 9-4-3　箱面印刷

图 9-4-2　纸板

双层瓦楞纸板

三层瓦楞纸板

五层瓦楞纸板

七层瓦楞纸板

图 9-4-4　瓦楞纸类型

装的小型纸箱；五层瓦楞纸板广泛用于包装较重和易碎的商品，如彩电、冰箱、洗衣机等；而七层瓦楞纸板主要用于重型商品，如摩托车等，有时利用其做一些高强特殊衬垫。

瓦楞纸箱易回收，可重复使用，符合绿色设计理念，是一种低碳环保材料，被广泛地应用于设计中。

二、纸盒

纸盒是以纸板制成的盒状包装容器，一个造型美观的、表面色彩丰富的纸盒包装往往更能吸引消费者，如图9-4-5所示。因此，纸盒包装主要通过合理的结构、恰当的尺寸及美观的造型，达到保护商品、美化商品、方便用户及扩大销售的目的。纸盒用纸常用类型有卡板纸、马尼拉纸板、白板纸、草纸板、粗纸板、色板纸等，不同的纸板类型，其性能和用途都不一样。例如，卡纸板，这种纸板一般按一定规格裁切，其表层、底层使用漂白化学浆，芯层使用磨木浆或中档废纸，可分为涂片

与非涂片。又如，马尼拉纸板，根据自身特色主要用于化妆品、药品、香烟等外观清爽或简洁或考究的小包装盒等。

对于其他类型纸板的特性在这里就不一一论述，但是，作为包装设计师，需要把每种纸材的特性进行深入研究，为后期的具体实践奠定良好的基础。

三、纸袋

纸袋是纸与纸复合制成的一种袋式包装容器，在袋类包装中占主导地位，如图9-4-6所示。纸袋以纸为主要原料，不仅具有较好的强度、耐折性、透湿性、透气性，还具有包装适应性、印刷性和经济性。纸袋加工简单，并且丢弃后也能自然降解，因此被广泛应用于农业、食品、建筑材料等领域。

四、纸浆模塑制品

纸浆模塑制品是以可完全回收循环使用的植物

图9-4-5　纸盒包装

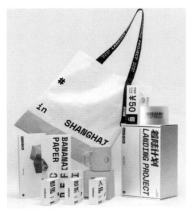

图 9-4-6　纸袋

纤维浆或废弃制品为基础材料，采用独特的工艺技术制成的，被广泛运用于餐具、电器包装、种植育苗、医用器皿等领域，是一种科技型的无污染绿色环保制品（图9-4-7），其具有以下几个特点。

（1）工艺技术简练实用，生产过程中基本无污染，符合清洁生产的要求。

（2）强度大，可塑性和缓冲性能好。

（3）质量轻，回收费用低，可反复使用。

（4）透气性能好，经常用于生鲜产品的包装上。

（5）具有良好的吸水性及隔热性。

（6）原料来源广泛，造价低廉。

（7）可以实现自动化大批量生产。

总之，在纸浆铸模设计过程中，不但要考虑到普通包装产品的基本功能，还要考虑到生产过程中的加工工艺、纸浆成型特性及脱模对产品形态、结构的影响。外形、结构设计不但要美观，还要易于

生产，减少生产难度，降低生产成本。

五、蜂窝纸板

蜂窝纸板是一种具有仿生学结构的优良材料（图9-4-8），由于具有其他包装材料无法比拟的优越性，因此被广泛应用于包装、家具、运输等领域中，其基本特性如下。

（1）强度性能好。蜂窝纸芯因其独特的力学结构，使其具有较强的抗压、抗折力，经实验证明，将纸做成蜂窝状，其立面抗压强度是其他产品的100倍。

（2）承载能力大。由于蜂窝纸板具有良好的强度性能，因此用这种纸板制成的纸箱可以承受较重的物体。

（3）缓冲性能优良。独特的蜂窝夹芯可以提供

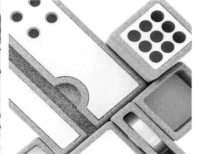

图 9-4-7　纸浆用具

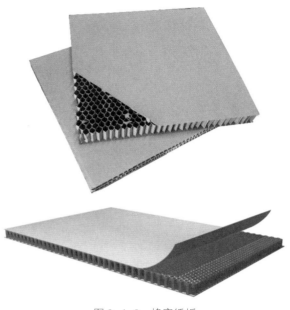

图 9-4-8　蜂窝纸板

更加优良的缓冲性能，具有更高的单位体积能量吸收值，因而能有效地抵抗外来的冲击。

（4）具有良好的隔音和保温性能。其性能的原因是蜂窝纸板结构的特殊性以及夹芯结构中充满了空气。

（5）制造成本适宜。蜂窝纸板用纸量少，其板芯及面纸板可以采用回收废纸、草类浆等为原料进行制造，因此蜂窝纸板的制造成本保持在较低的

水平。

（6）环保性能好。作为商品包装，蜂窝纸板和制品完全可以取代塑料包装，采用可以完全降解的植物纤维加工而成，不会造成"白色污染"。

六、食品纸容器

随着人们生活水平的提高，纸容器在食品包装及日常生活中广泛应用，并且纸容器比塑料容器更环保，所以也越来越受到重视。

食品用的纸容器主要有纸罐、纸盘、纸杯和纸盒，可以盛装快餐、牛奶、茶叶或速食面等，纸容器不仅具有良好的性能，而且适合印刷，可装饰性强，因此更加利于商品的推销。

（1）纸罐：通常情况下以纸与金属箔为主要原料制成，具有防水、防潮、隔热、保护等性能，其质量比同规格的铁罐要轻很多，并且不会生锈，加工工艺简单，适合批量化生产，如图9-4-9所示。

（2）纸盘：多半压制或模压而成。采用模压加工的纸盘，产品造型美观，生产率高，且节省材料，为了提高纸盘的强度和性能，通常会在纸盘表面涂蜡或淋膜。常用来盛蛋糕、水果等，如图9-4-10所示。

图 9-4-9　纸罐

图 9-4-10　纸盘

（3）纸杯：与玻璃杯相比，纸杯质量轻，能节省流通费用。易于印刷，装饰效果好，还能跟其他材料以及工艺结合，能较好地保护食物，防止食物腐败，可以盛装饮料、啤酒和咖啡等，如图9-4-11所示。

（4）纸盒：主要用于食品的包装。

七、纸艺品

纸张能根据需求制作出各种形态，其作品不仅形态优美，而且文化内涵深刻。比如我国传统的剪纸艺术就深刻反映了中国古人的智慧，也从侧面体现了当时的历史文化背景以及风俗习惯，对文化的传承具有深远的意义。

纸艺，这个概念可以有多种解释，概括起来就是以纸为媒介的艺术品创作，可以分为传统纸艺和现代纸艺。

（一）传统纸艺

传统纸艺包括剪纸和折纸，两者都是想象力与创造力的结合，是使人心灵手巧、专注耐心的民间艺术形式。

（1）剪纸：又称窗花，是中国最古老的民间艺术之一，其源头可以追溯到东汉的元兴元年，距今约有2000年的历史，剪纸艺术具有叙事性，以民间生活为题材，将质朴、生动有趣的写意艺术造型与民间寓意结合起来，具有独特的艺术魅力，如图9-4-12所示。

（2）折纸：折纸是按照一定的规则和方法，将纸加以折叠，形成各种动物、器皿、人物、建筑或抽象的作品，其造型生动，变化多端，逗人喜爱。因而在民间广泛流传。

（二）现代纸艺

现代纸艺是一种使用综合材料制作的艺术品，

图 9-4-11 纸杯

图 9-4-12 剪纸

在形式上突破了文艺复兴以来传统的绘画和雕刻艺术，在空间形式上更为丰富多样。现代纸艺主要分为平面作品、半立体平面作品和立体作品，如图9-4-13所示。

图 9-4-13　现代纸艺

 第五节　设计与纸材

纸材在设计的过程中具有特殊的优势，这种优势主要体现在两方面：一是纸材成型方便快捷，对设计模型的初步成型有很大意义。二是具有薄厚两种截然不同的表现形式。例如，薄而透的纸张就像一层雾，是柔软和纤细的象征，可以传达怜惜之情，让人爱不释手；厚的纸张给人以坚固感，能表达稳重感。

在纸的运用过程中，设计师要保持工匠精神，对纸张厚薄把握要有"增一分则多，减一分则少"的心态，深刻了解纸张的属性，除此之外，还要把握纸给人的情感特征。

一、纸材与包装设计

纸材在造型设计领域应用发展最快的当属包装设计（图9-5-1），因其无环境污染、可回收再利用等优点而一枝独秀，显出了极大的发展前景。

产品包装设计主要考虑的因素有：是否能保护产品、展示产品，是否方便运输、符合生产规律，结构是否合理，是否节省空间、节约材料等。因为纸易于加工，所以在纸包装设计中大多采用一些简洁的设计方案，如将单张纸适当地裁剪、挖空或联结等加工，就能满足结构的需求，或者利用纸张的

图 9-5-1　纸包装

弹性，经过曲线弯曲，在张力的作用下各边互相挤压，增强抗压性能，往往能形成不用任何胶黏剂的完整包装。

二、纸材与产品设计

纸材不但在包装设计中有着非常重要的地位，在工业设计领域也有广泛的应用，纸材作为一种绿色环保材料引导人们返璞归真，在产品设计领域常用于以下几个方面。

（1）生活中的纸质品，如风筝、灯笼、纸伞等，充分利用制纸的可塑性、耐折性，将中国文化元素（如吉祥纹样、民间风俗）等融入其中，不仅

加工方便，制作工具简单，颜色丰富，成本低，还能流露出浓浓的民族风情和传统风格，如图9-5-2、图9-5-3所示。

（2）利用各种纸质材料制作折纸玩具，充分发挥纸材特性。

（3）在家居设计中，利用纸材设计一些具有装饰效果的装饰品，衬托家居风格。

（4）纸质家具，如图9-5-4、图9-5-5所示，以纸作为原材料，根据产品要求对纸材进行特殊加工，使其具有承重性，从而制成家具，不仅能体现纸材的实用性，而且从绿色设计理念出发，梳理出新型的产品设计脉络，为消费者创造出实惠、现代、实用、独特、环保的家具。

图 9-5-2　纸灯笼

图 9-5-3　纸灯

图 9-5-4　纸书架

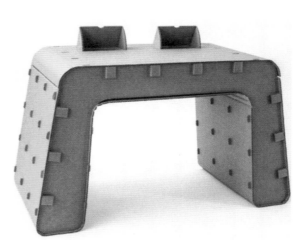

图 9-5-5　纸家具

三、纸材与展示设计

在一些商业展示、公益展览活动中，展柜、展架等设备的前期准备会耗费很大的人力、物力、财力，并且每次展览由于场地、环境、主题的不同导致这些陈列架、展台重复利用率低，因此，通过纸板进行合理的结构设计，根据不同需求更换表面效果，可以搭建满足各种需求的展架。

这种纸质展架具有成本低廉、方便运输、节省空间、节省人力等优点，因此，在展示领域具有很大的发展前景。

纸品展示设计的加工手法大多是结合剪切和联结的方式进行立体造型，通过剪切对所展产品留出放置、观赏空间；做必要的联结可以丰富结构的层次或起到稳定、平衡的作用，如图9-5-6、图9-5-7所示。

图 9-5-6　纸展架

图 9-5-7　游戏桌

第六节　项目实训——绿色生态纸材包装设计

一、项目概述

本项目以纸为基础材料，以包装设计为切入点，通过市场调研与用户需求分析，设计一款服务于消费者的具有生态环保理念的包装产品，旨在强化企业的品牌形象，确保产品在运输过程中得到妥善保护，免受碰撞、挤压、雨淋等潜在损害，并凭借其独特的装饰美化效果，增强产品的吸引力和市场竞争力，进而提升产品的辅助销售功能。

项目调研：通过用户调查、市场销售调查、企业调查、包装装潢设计调查（包括包装材料、技术与工艺；包装形式与结构、表现手法和表现风格、包装成本、存在的问题）、产品调查等，挖掘绿色生态包装产品的设计卖点。

项目定位：明确用户需求、企业生产加工能力、企业品牌形象及文化内涵等因素，明确包装产品设计的整体概念，具体包括品牌定位、消费对象定位、功能定位、结构定位、材料定位、技术定位、外形定位、市场环境定位。

造型设计：包括产品创意、功能设计、草图设计、方案效果设计、材质设计、色彩设计、质感设计、展示设计。

方案评价和优化：包括技术要素、经济要素、社会要素、审美要素、环境要素、人机要素。

二、案例实操

（一）导赏

如图9-6-1所示，**Paper Tiger Products**是澳大利亚设计师东尼·丹恩设计的家具用品，该作品由纸板制作完成，其设计灵感来源于折叠形式和无缝结构。该产品利用三角形结构折叠，增强其稳定性。在运输过程中，该家具采用平整包装，既方便了运输，又通过合理的结构设计，使得组装过程变得简单易行。

图9-6-2所示是一款环保椅子，这款椅子由使用过的纸板管制成，而纸板管又由再生纸经过加工制作而成。这种材料不仅无毒且百分之百可降解，而且它非常坚固耐用，符合绿色设计理念。作

图 9-6-1　纸质家具设计

图 9-6-2　环保家具设计

为一款现代、实用、独特且环保的家具，它无疑为人们的生活空间增添了一份别样的美感。

如图 9-6-3 所示，用来制作这款服装的纸质材料称为 Tyvek，该材料具有柔软、透气、耐用、轻便和可机洗等特点，因此经常替代传统棉花或其他织物材料制成服装。其中服装作品以白色为底，并在衣领处搭配黑白装饰线条，使得该作品带有一定的时尚感。

如图 9-6-4 所示，这款作品颠覆了传统灯具的设计理念。通过运用银离子墨水，设计师将电子

图 9-6-3　纸质服装设计

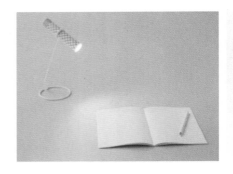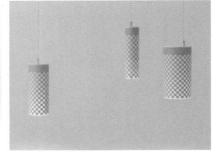

图 9-6-4　纸片灯具设计

电路板直接打印在纸张上，从而创作出这款别致的纸片灯。纸片灯的两面印有带炫酷方格图案的电路，并配备了2个纽扣电池和7个LED灯。这些部件之间通过导电黏合剂巧妙黏合。令人惊奇的是，随着纸片卷曲程度的改变，光线的明暗也会发生变化。若想让灯光更亮，可以将纸片卷得松一些；反之，若希望灯光更暗，则可以将纸片卷得更紧。此外，纸片滚动的方式还会影响灯光的颜色。例如，当LED灯朝向外侧时，灯光会呈现出温暖的橙色；而当LED灯朝向内侧时，灯光则变为清新的白色。这款纸片灯不仅展现了设计的创新，还通过用户与灯具的互动，为空间带来了一种动态而温馨的氛围。

如图9-6-5所示，Paperlain是由Ahsayane Studio设计的一系列作品，其独特之处在于采用了再生纸与陶瓷颜料混合而成的材料。制作流程中，设计师巧妙地将纸黏土混合物包裹在现有的产品上，再经过风干处理，最终呈现出色彩丰富且柔和的艺术效果。当柔和的灯光从内部透出时，Paperlain不仅美观动人，还散发出一种独特的意境和艺术氛围，令人陶醉。这一设计不仅展示了设计师的创新思维，也体现了对环保和可持续发展的深刻关注。

如图9-6-6所示，这一系列纸质黏土作品是由意大利陶艺家Paola Paronetto精心设计的。作品以瓶子和碗的形式呈现，独特之处在于陶瓷混合物中融入了纸浆和纤维，使得每件作品表面都呈现出别具一格的质感，赋予了它们精致而独特的外观。这一系列作品包括纯白色和彩色两种，表面纹理随意而自然，仿佛是一种全新的设计语言在表达。

如图9-6-7所示，这款设计作品是由Basket Studio Crank开发的废纸篓。其由回收纸板制作而成，体现了绿色环保理念。在制作过程中，还采用了低VOC油墨进行印刷，确保了产品的环保性能。纸篓的表面以绿色几何形和自然图案装饰，不仅提升了产品的美观度，也增强了其装饰性。值得一提的是，这款纸篓是可回收的，完全符合环境友好型的设计理念。

如图9-6-8所示，这款设计作品源自创意工作室Dear Human的独特视角。Dear Human擅长重新审视日常物品，挖掘其中隐藏的潜力，并将其转化为实际的产品。因此，Paperscapes系列应运而生。通过创意的探索，Dear Human成功地将工业废料场中的再生纸重新加工，转化成具有功能性的家具和瓷砖。这些产品不仅具有一定的刚度和强度，还通过简单的几何图案和丰富的色彩搭配，实现了功能与造型的和谐统一，既实用又美观。

如图9-6-9所示，这款纸质沙发采用再生纸充气袋作为主要材料，配备有金属支架和橡胶带，不仅方便运输和组装，还具有一定的耐用性。为了

图 9-6-5　Paperlain 灯

图 9-6-6　纸质黏土作品

图 9-6-7　Waste Paper Basket

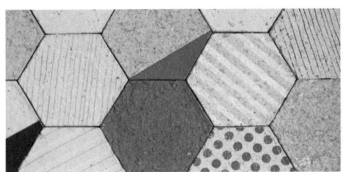

图 9-6-8　Paperscapes

图 9-6-9　Blow Sofa

满足不同消费者的需求，沙发的每个部分都可以根据个人喜好进行个性化设置。此外，当沙发垫表面弄脏时，可以直接拆卸下来进行清洗或更换，且更换成本不高，真正实现了物美价廉。

如图 9-6-10 所示，这款手提包是由聚乳酸玉米纤维制成的。这种材料不仅无毒，而且百分之百可降解，完全符合当今的环保主题。该手提包的设计十分坚固耐用，同时表面采用褶皱的处理方式，既体现了纸材的可塑性，又增加了作品的时尚感。

如图 9-6-11 所示，以烟花作为礼盒的主视觉设计，既美丽又充满喜庆氛围。这一设计寓意着春节的美好愿望，象征着希望每个收到这份礼盒的人

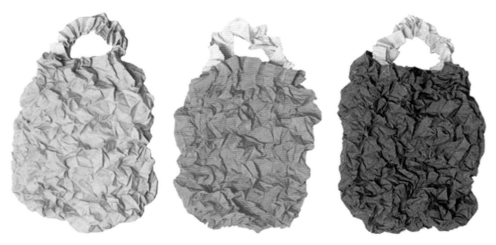

图 9-6-10　纸质包包设计

在新的一年里，都能如烟花般绚烂夺目，不断攀升至新的高度，闪耀出属于自己的光芒。

如图 9-6-12 所示，这是一款专为家居香氛产品设计的包装，将多面体设计理念和色彩元素完美融合。在器型和包装元素上，设计师巧妙地运用了八边形的设计，呈现出独特而富有创意的外观。而在平面设计及材料选择上，设计师则以色彩为核心，打造出简洁明快的效果。

如图 9-6-13 所示，这款茶产品的包装设计色彩淡雅，以暖色调为主，通过采用低纯度的色相和简洁的图形设计，营造出素雅而清新的感觉。这种

设计不仅与茶产品的特性相契合，而且凸显了其独特的品质。

（二）项目实作

1.知识复习

问题 1：图 9-6-14（a）~（c）分别体现了纸材的哪些特性？

问题 2：讨论一下图 9-6-14（d）~（f）所示纸制品的类型。

问题 3：讨论一下图 9-6-14（g）~（i）所示

图 9-6-11　春节礼盒包装设计

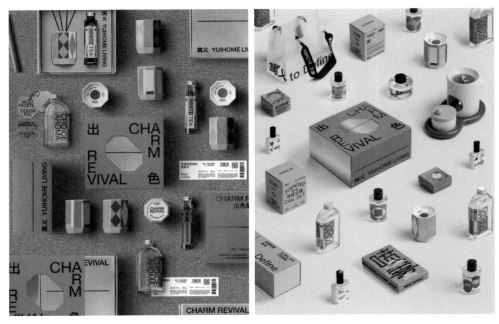

图 9-6-12　香氛产品包装设计

图 9-6-13　《心茶》包装设计

纸材在设计中有哪些应用。

2.项目实训

设计一款某食品公司的包装产品。

素养目标

（1）培养学生对加工工艺的美学审美意识。

（2）培养学生对加工工艺链接设计造型的意识。

（3）培养学生的环保意识。

知识目标

（1）了解纸材的发展历史。

（2）了解造纸的工艺流程。

（3）了解常见的纸制品。

（4）掌握纸材的基本特性。

（5）掌握纸材的加工工艺。

能力目标

（1）能对纸材的性能进行改善和利用。

（2）能根据产品需求选择合适的加工材料。

（3）能根据产品的造型选择合适的加工工艺。

（4）具备纸材的设计造型能力。

（5）具备运用纸材进行创新设计的能力。

（a）

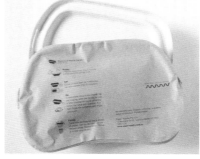
（b）

（c）

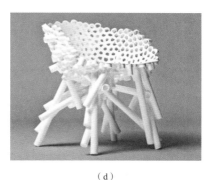
（d）

（e）

（f）

（g）

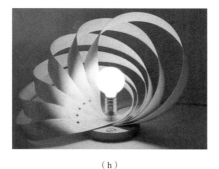
（h）

（i）

图 9-6-14　知识复习图

➤ 第七节　学生作品赏析

如图9-7-1所示，为了展现湖南省特色农业产品"安化黑茶"的独特魅力，精心设计了这款包装。在设计过程中，充分考虑了当地的文化特色，将这些元素巧妙地融入包装设计中。背面的"吉祥物"以安化黑茶博物馆为灵感，不仅展示了当地的文化特征，还成为整个包装的亮点。正面则采用茶田和采茶女等元素进行视觉设计。在色彩选择上，以深蓝色和黄色为主调，营造出低调而淡雅的氛围。这种色彩搭配不仅透出一种高贵、典雅、香甜的感觉，还能有效吸引消费者的购买欲望。文字设计方面，采用了偏水墨手写体的字体，以体现"茶"的书香淡雅气息。这种字体不仅直接传达了产品信息，还完美展现了中国的文化内涵，为茶叶包装增添了一份特有的灵气。外包装采用简单的折叠盒造型，材料选用质量较好的白纸板，具有一定的抗压性。表面工艺处理采用哑膜纹理工艺，使整体包装更加精美。

在移动充电宝的包装设计（图9-7-2、图9-7-3）中，选用了火车作为封面，寓意着移动、便捷和高效。右下角还设计了一些行李、物件等，强调了这款充电宝方便携带、出门必备的特点。此外，天空中飘散的云朵和闪电图案，象征着迅速和敏捷，暗示着这款充电宝能够快速充电，为移动设备提供持久的能量。在色彩选择上，整体采用了蓝色作为主色调。蓝色是冷色调中最冷的色彩，给人一种冷静、理智的感觉。同时，蓝色也非常纯净，具有准确的意象，强调产品的稳定性和可靠性。

图 9-7-1　安化黑茶包装设计　作者：伍欣

图 9-7-2　移动充电宝包装设计　作者：欧定珵

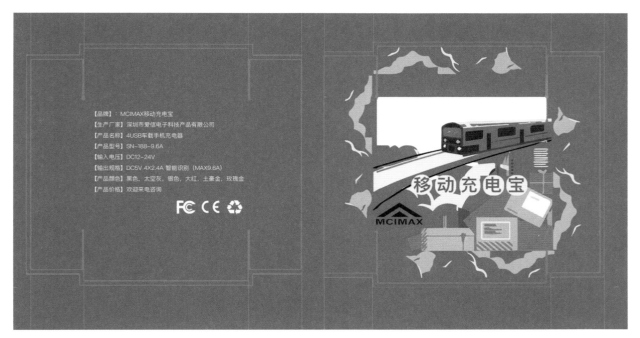

【品牌】：MCIMAX移动充电宝
【生产厂家】深圳市爱信电子科技产品有限公司
【产品名称】4USB车载手机充电器
【产品型号】SN-188-9.6A
【输入电压】DC12-24V
【输出规格】DC5V 4X2.4A 智能识别（MAX9.6A）
【产品颜色】黑色，太空灰，银色，大红，土豪金，玫瑰金
【产品价格】欢迎来电咨询

图 9-7-3　展开图

第十章　创新材料

第十章　创新材料

第一节　创新材料概述

一、创新材料的定义

创新材料是指新出现的或正在发展中的，具有传统材料所不具备的优异性能和特殊功能的材料，或者采用新技术、新工艺、新设备，使传统材料的性能有明显的提高或产生新功能的材料。创新材料建立在技术加工的基础之上，是人类探索世界的智慧结晶。

与传统材料相比，创新材料具有研发与开发投入高、产品的附加值高、生产与市场的国际化以及应用范围广、发展前景好等特点，相比传统材料，性能有重大的突破。目前，创新材料的研发水平及其产业化规模已经成为衡量一个国家经济、社会发展、科学进步和国防实力的重要标志，因此，世界各国都特别重视创新材料产业的发展。例如硅基材料（图10-1-1），是半导体与新能源产业发展不可或缺的重要材料，在推动国民经济增长中具有重要

地位；又如石墨烯材料（图10-1-2），被称为"创新材料之王"。

二、创新材料的性能要求

创新材料应用范围极其广泛，它同数字技术、生物技术一起成为21世纪最重要和最具发展潜力的领域，也引导着新技术革命。开发研制新一代材料有如下要求。

（一）智能化

要求材料本身具有自我感知、自我调节和反馈的能力。一般来说，智能材料有七大功能，即传感功能、反馈功能、信息识别与积累功能、响应功能、自诊断能力、自修复能力和自适应能力。例如记忆枕头（图10-1-3），使用记忆棉做成枕头，具有温控减压的特性，在使用时会形成人头颈部固

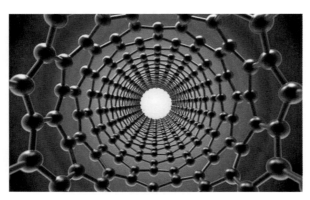

图 10-1-1　硅基材料

图 10-1-2　石墨稀材料

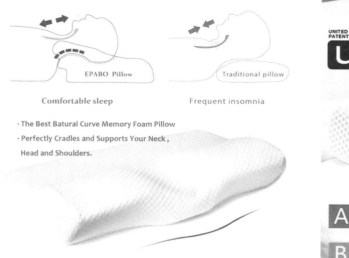

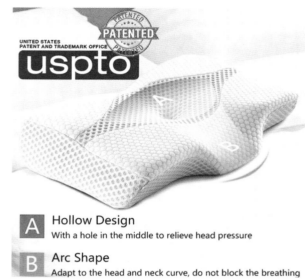

图 10-1-3　记忆枕头

有的形状，顺应头颈曲线增大枕头与头颈的接触面积，减少压强，使人更轻松地入睡，提高睡眠质量。

（二）结构与功能相组合

材料不仅能作为结构材料使用，而且具有特殊的功能或多种功能。例如，一次性剃须刀 Paper Razor 为全纸机身（图 10-1-4），将结构与功能进行了很好的结合。顶部带有金属刀片头，设计为扁平包装，可完全展开，并只需在侧面和顶部折叠即可轻松地用几秒时间组装在一起，进而制造出抓握力强，符合人体工学原理的剃须刀。其折纸风格的

设计使其具有与塑料剃须刀一样的强度和可操作性，同时减少了98%的塑料使用量。

（三）减少污染

新技术、新材料的出现在一定程度上对环境造成了污染，如"海洋塑料"。为了人类的健康与环境保护的需要，对创新材料的研发提出了更多要求，材料在制作和废弃过程中对环境产生的污染尽可能少，如图 10-1-5 ~ 图 10-1-8 所示。

（四）节省能源

节省能源主要是指材料在制造和成型的过程中

图 10-1-4　Paper Razor

图 10-1-5　可降解花盆

尽可能减少能源的消耗，又可再利用为新能源。

（五）可再生

材料可多次反复利用。

（六）长寿命

要求材料能长期保持其基本性能，稳定可靠。如制造材料的设备和元器件尽可能少维修和不维修。

三、创新材料研发过程中必须考虑的因素

（一）重视材料装备工艺和技术的开发

创新材料是建立在技术加工的基础上的，任何新材料从发现到实际应用，都必须经过适宜的制备工艺才能成为工程材料（图10-1-9）。比如高温超导材料（图10-1-10），从1986年就已发现，虽然

图10-1-6　环保灯具

图10-1-7　多用途 P-BOX 纸箱

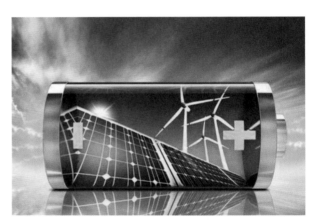

图10-1-9　创新材料应用于新能源开发

图10-1-8　降解餐具

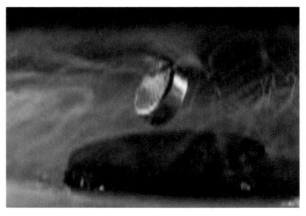

图10-1-10　超导材料

有30多年的历史，由于生产成本高至今也没有得到普遍应用。由此可见，创新材料开发需重视材料的装备工艺，不断地改进生产工艺流程，以此降低新材料开发成本和减少污染，提高产品的竞争力。

（二）材料应用的考虑因素

材料应用要考虑是否符合绿色设计的发展理念，是否可回收或重复利用。有些创新材料使用时的优点可能会成为回收时的缺点，比如材料良好的耐候性，在废弃物处理时就很困难。所以在产品设计时，就应该考虑到废弃物再利用或最终处理方案，使之成为设计的一环。

四、创新材料的种类

与传统材料一样，对于创新材料的分类可以从结构组成、功能以及应用领域等角度进行，不同的分类之间相互交叉和嵌套。从应用领域和当今研究热点角度可以将创新材料分为电子信息材料、生物材料、新能源材料、纳米材料、智能材料、生态环保材料以及3D打印材料等。

（一）电子信息材料

电子信息材料是指与现代通信、计算机、信息网络、工业自动化、微电子、光电子技术等产品领域相关的材料。其产业发展规模和技术水平在国民经济中具有重要的战略地位，也是科技创新和国际竞争最为激烈的材料领域。电子信息材料的总体发展趋势是向着大尺寸、高均匀性、高完整性以及薄膜化、多功能化和集成化方向发展。它主要分为以下三类。

集成电路及半导体材料，以硅材料为主体，并包含新的化合物半导体、新一代高温半导体材料以及高纯化学试剂和特种电子气体。

光电子材料，包括激光材料（图10-1-11）、红外探测器材料、液晶显示材料、高亮度发光二极管材料（图10-1-12）、光纤材料等。

新型电子元器件材料，包括磁性材料、电子陶瓷材料（图10-1-13）、压电晶体管材料、信息传感材料以及高性能封装材料（图10-1-14）。

近年来，电子信息的快速发展为人们提供便利的同时产生了大量的负面效应，如电磁信息泄露、电磁环境污染和电磁干扰等新的环境污染问题，因此，作为设计师，应该提升环保意识和社会责任意识。

（二）生物材料

生物材料是与生命系统结合，用以诊断、治疗或替换机体组织、器官或增进其功能的材料，如用于治疗心脏病的生物瓣膜。生物材料的应用范围

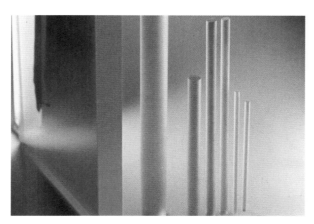

图10-1-11 激光材料

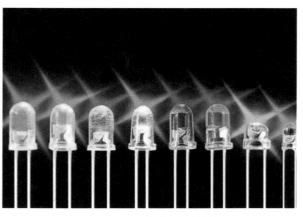

图10-1-12 发光二极管材料

图 10-1-13　电子陶瓷材料

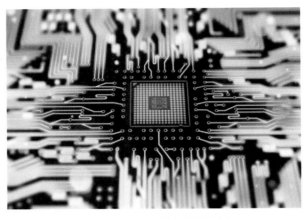

图 10-1-14　高性能封装材料

广，如医学、物理、生物化学等现代高科技学科领域（图10-1-15）。

生物材料能模拟人体硬软组织、器官和血液等，对医学领域产生重大影响，除此之外，还能赋予材料优异的生物相容性或生命活性。就具体材料来说，主要包括药物控制释放材料、组织工程材料、仿生材料、纳米生物材料、生物活性材料、介入诊断和治疗材料、可降解和吸收生物材料，新型人造器官、人造血液等。

（三）新能源材料

新能源包括太阳能、生物质能、核能、风能、地热能、海洋能等，而新能源材料是指将新能源进行转化和利用，以及发展新能源技术所需要的关键材料。它主要包括以储氢电极合金材料为代表的镍氢电池材料、嵌锂电碳负极、锂离子电池材料与燃料电池材料等（图10-1-16）。

目前，解决能源问题的关键是能源材料的突破，无论是提高燃烧效率以减少资源消耗，还是开发新能源及利用再生能源，这都与能源材料有着极其密切的关系。

（四）生态环境材料

生态环境材料又称为绿色材料，是指既能满足

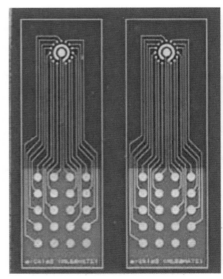

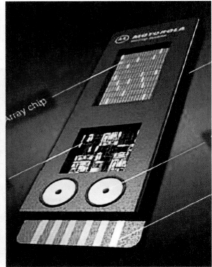

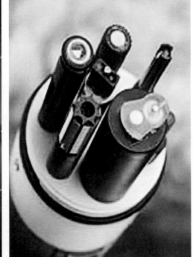

图 10-1-15　生物芯片

图 10-1-16　新能源材料产品

日常功能使用，又能与环境相协调，不会对环境造成污染和破坏，或者能改善环境的材料。生态材料具有环境可持续性，能促进社会资源的可持续发展。

作为设计师，在选择和应用材料时，要大力提倡和积极支持开发新型的生态环境材料，以取代资源和能源消耗高、污染严重的传统材料。从用途和应用领域进行划分，可以将生态环境材料分为以下几大类。

绿色包装材料：绿色包装袋、包装容器等。

生态建材：无毒装饰材料。

环境降解材料：生物降解材料（图 10-1-17）等。

环境相容材料：纯天然材料（如木材、石材等）、仿生物材料（如生物瓣膜、人工脏器等）。

环境工程材料：环境修复材料、环境净化材料（如分子筛、离子筛料等）、环境替代材料（无磷洗衣粉助剂等）。

（五）纳米材料

纳米材料与信息技术和生物技术一样已经成为21世纪社会经济发展的三大支柱之一并具有战略意义，是21世纪最有前途的材料之一（图 10-1-18，图 10-1-19）。

从广义上来讲，纳米材料是指在三维空间中至少有一维处于纳米尺寸范围或由它们作为基本单位构成的材料。

按照维数可将纳米材料的基本单元分为三类。

零维：指空间三维尺度均为纳米尺度，如纳米尺寸的颗粒、原子簇团等。

一维：指空间中有两维处在纳米尺度，如纳米丝、纳米棒和纳米管等。

二维：指在三维空间中有一维处在纳米尺度，

图 10-1-17　生物降解材料

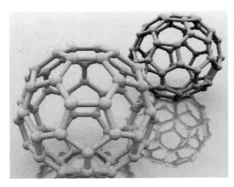

图 10-1-18 纳米材料分子结构

图 10-1-19 纳米机器人

如超薄膜、多层膜、超晶格。

按照形态形状进行分类，可将纳米材料分为纳米微粒、纳米组装体系和纳米固体。

（六）3D打印材料

3D打印材料是建立在3D打印技术基础之上的。基于不同技术原理的3D打印机有不同的打印方法，不同原理的3D打印机选用的材料也不相同，不同材料对最终成型质量、模型外观和精度都有影响，也决定了打印模型的用途。常用的3D打印材料有ABS、PLA、PVC、光敏树脂、钛合金（或其他金属，如金和银）、石膏（如石膏粉末）、纸张、橡胶以及各种性能的线材（如具有磁性的线材、可导电的线材、仿木质线材、弹性线材等）（图10-1-20～图10-1-22）。

随着科学技术的发展，可供3D打印的材料也在不断拓展，3D打印也逐步具备了制作坚固成品的能力，这是3D打印技术质的飞跃，如波音公司利用钛合金和不锈钢材料打印飞机的机翼。很多食品也可以用食用材料进行打印，如巧克力、奶酪、糖果等。由此可见，到目前为止，3D打印材料品种繁多，应用领域也极其广泛。

图 10-1-20 PLA塑料

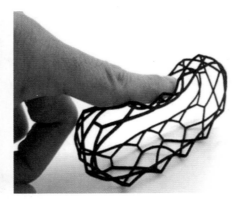

图 10-1-21 TPU柔性材料

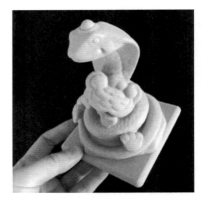

图 10-1-22 木质材料

第二节 3D打印技术概述

一、3D打印技术的定义

3D打印技术又称为快速成型技术，通过数字模型驱动将特定材料以逐层累积的方式制作三维物理模型，是一项多学科交叉、多技术集成的先进制造技术，与传统制造工艺具有明显的区别。图10-2-1所示为3D打印机。

二、3D打印技术的优缺点

3D打印技术与传统加工工艺相比，具有以下显著的优势。

（1）制造周期大幅缩短，由原来的几周、几个月缩短为若干个小时，能有效降低成本，充分发挥快速成型技术的优越性，在短期内满足用户需要。

（2）降低新产品开发研制的成本和投资风险。

（3）缩短了新产品研制和投放市场的周期。

（4）具有小批量、多品种、改型快的特点。

以上是3D打印技术的优点，缺点是由于3D打印技术的成本比较高，也不适宜批量生产，因此，到目前为止，也没有进行大范围的普及。

三、3D打印技术的应用领域

3D打印近年来发展迅速，使得以往的"按需定制，以相对低廉的成本制作产品"的幻想在21世纪初变成现实，其应用范围也越来越广泛，主要体现在建筑规划、工业设计、娱乐、医疗等领域。

（一）规划与建筑

自从有了3D打印技术，很多复杂的造型得以实现（图10-2-2）。如英国伦敦的一家建筑企业Softkill Design率先提出了3D打印房屋的新概念，其原材料来自塑料，外观像蜘蛛网。

图 10-2-1　3D打印机

图 10-2-2　3D 打印建筑

（二）工业设计

3D 打印材料在工业设计领域最先用于制造产品原型和玩具（图 10-2-3），2013 年后，飞机上一些零部件开始用该技术，这些零部件的使用使飞机变得更轻、更省油。同时，3D 打印技术也用于国防、汽车等领域。

（三）娱乐

3D 打印也可应用于各种娱乐业，如游戏模型、玩具、各类道具（图 10-2-4）。由于 3D 打印是一种快速成型技术，因此，用它来制作复杂的电影道具具有成本低、时间快等优势。其仿真效果也是非常强的。

（四）医疗

3D 打印在医疗中的应用主要是用来制造医疗植入物。如钛质骨植入物、义肢以及矫正设备（图 10-2-5），该技术的应用提高了人们的生活质量。

目前，打印制造软组织的实验已在进行当中，未来通过 3D 打印制造血管和动脉也将成为可能。

四、3D 打印技术的分类

从广义上来讲，快速成型技术可以分为两类，分别是材料累积和材料去除。材料累积主要涉及的技术有液态树脂固化、电铸成型、熔融材料固化。而材料去除涉及的技术有激光烧结熔化材料、光照粘接薄材、热熔胶粘接薄材等。

从狭义的角度分析，人们谈及的快速成型技术通常指的是累积式成型方法。目前应用比较广泛的方法有 4 种，分别为光固化成型、叠层实体快速成型、选择性激光烧结和熔融沉积成型。

（一）光固化成型

光固化成型是目前世界上研究最深入、技术最成熟、应用最广泛的快速成型工艺方法（图 10-2-6），

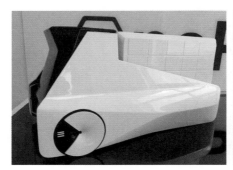
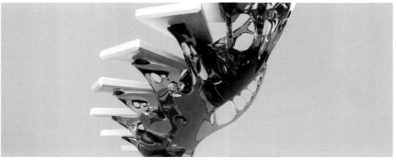

图 10-2-3　3D 打印工业模型

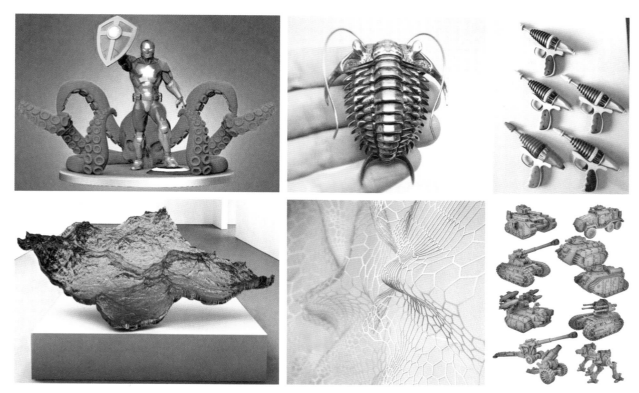

图 10-2-4　3D 打印玩具模型

图 10-2-5　3D 打印义肢

它以光敏树脂为材料，通过计算机控制紫外激光使其固化成型。制造出来的零件或产品表面质量和尺寸精度较高，具有以下特点。

（1）成型过程自动化程度高。整个系统非常稳定，加工开始后，成型过程可以完全自动化，直至原型制作完成。

（2）尺寸精度高。其原型的尺寸精度达 0.1mm。

（3）优良的表面质量。

（4）制作易裂和变形。成型过程中材料发生物理和化学变化，塑件较脆。易断裂性能尚不如常用的工业塑料。

（5）设备运转及维护成本较高。例如，光敏树

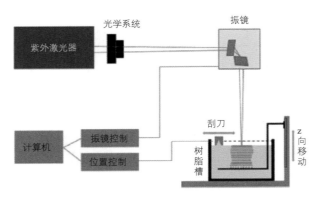

图 10-2-6　光固化成型工艺原理

脂材料价格较高。

（6）可以选择的材料较少，具有一定的局限性。

（二）叠层实体快速成型

叠层实体快速成型工艺是由美国Helisys公司于1986年研发成功的。选用薄片材料，如纸、塑料薄膜等，先在片材表面涂覆上一层热熔胶，然后用热压辊热压片材，使之与下面已成型的工件粘接，接着用激光束在刚粘接的新层上切割零件的截面轮廓和工件外框。循环往复，材料一层一层往上叠加，直至形成完整的零件（图10-2-7）。叠层实体快速成型技术具有以下几个特点。

（1）无须后固化处理，无须设计和制作支撑结构。

（2）设备可靠性好，寿命长，废料易剥离，精度高。

（3）只需要使激光束沿着物体的轮廓进行切割，无须扫描整个断面。它是一个高速的快速原型工艺，常用于加工内部结构简单的大型零件及实体件。

（4）操作方便，热塑性和力学性能好，可实现切削加工，但工件的抗拉强度和弹性不够好。

（5）工件表面不够光滑，会有台阶纹，因此需抛光打磨。

（三）选择性激光烧结

选择性激光烧结又称为选区激光烧结，奥斯汀

分校、DTM公司、德国的EOS公司在这一领域做了大量研究，并开发了相应的成型设备。其加工过程是将粉末材料平铺在已成型零件的表面，然后加热至恰好低于该粉末烧结点的某一温度，接着利用激光束在该层的截面轮廓的粉层上进行扫描，使粉末的温度升至熔化点进行烧结，并与下面已成型的部分实现粘接（图10-2-8）。其特点如下。

（1）制造工艺比较简单，可直接制作金属制品。

（2）可采用多种材料，材料的利用率较高。

（3）无须支撑材料。

（4）因为烧结过程中会挥发异味，所以实训室要注意通风。

（5）原型表面较粗糙。

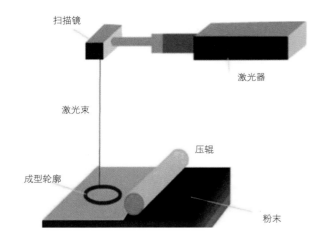

图 10-2-7　叠层实体快速成型工艺

图 10-2-8　选择性激光烧结工艺

（四）熔融沉积成型

熔融沉积成型又称为熔丝堆积成型，是继固化成型和叠层实体快速成型工艺后的另一种应用比较广泛的3D打印工艺方法。其工艺过程是将丝状的热熔性材料加热熔化后，从微细喷嘴的喷头挤喷出来，随即与前一层熔结在一起，最后一层一层地完成整个实体造型（图10-2-9）。熔融沉积快速成型工艺具有如下特点。

（1）系统构造与原理简单，维护成本低。

（2）原材料安全，适合在办公环境安装使用。

（3）工件的翘曲变形小，原材料利用率高，且材料寿命长。

（4）支撑材料去除简单，无须化学清洗。

（5）成型时间长，同时需要设计和制作支撑材料。

五、3D打印基本流程

（一）数字建模

通过三维软件进行数字建模，3D打印机对模型有一定的需求，首先要将三维模型转化为STL格式，模型必须是封闭的，不能有破面和重复面；模型必须有一定的厚底，同时法线是正确的。

（二）前处理

对零件三维模型进行数据转换，如导入切片软件中。确定摆放方位、施加支撑和切片图层。

（三）启动打印机

3D打印机虽然型号众多，但是操作方法和打印原理大致相同。有一些正确的打印规范，如FDM打印机，开温控后，严禁触摸喷头和成型室加热风道。温控关闭15分钟后，喷头和成型室温度降到室温后方可触摸喷头和风道。如光固化快速成型设备系统，将树脂材料进行预热，设置模型打印参数，最后才能点击打印。

（四）开始打印

模型打印过程中不要擅自离开打印室，并且严禁打开设备门，严禁向设备内伸手；严禁使用控制电脑进行其他工作。

（五）冷却

打印完毕后，需要将模型从成型室取出，取出前根据不同的打印机佩戴不同的防护用品，一定要规范操作。例如，FDM打印机需要戴上隔热手套，以防烫伤；光固化成型打印机需要戴上橡胶手套和铲子将模型取出等。

（六）后处理

模型打印完成后，需要将模型剥离，去除废料和支撑结构等。对于光固化成型方法成型的原型，还需要进行固化后处理。

图10-2-9　熔融沉积快速成型工艺

➤ 第三节　项目实训——产品概念设计

一、项目概述

　　概念设计基于未来人们的审美情趣和新技术平台下的产品开发，是人们对未来生活形态的向往和预计。本项目以概念设计为出发点，以创新设计、新技术、新材料为导向，通过市场调研与用户需求分析，设计一款概念产品，旨在为当前产品的创新提供新的发展方向，进一步提高人们的生活质量。

　　项目调研：通过用户调查、市场调查、企业调查、生产技术调查、产品调查等，寻找生活中的"痛点"，提出具有市场说服力和针对性的产品设计概念。

　　项目定位：明确用户需求、当前设计理念、先进生产技术、新材料和新工艺、企业品牌战略等因素，明确产品概念设计的整体定位，具体包括人群定位、功能定位、结构定位、材料定位、技术定位、外形定位、市场环境定位。

　　造型设计：包括产品创意、功能设计、草图设计、方案效果设计、材质设计、色彩设计、展示设计。

　　方案评价和优化：包括技术要素、经济要素、社会要素、审美要素、环境要素、人机要素。

二、案例实操

（一）导赏

　　如图10-3-1所示，从海洋中寻找可持续材料，将海藻和鱼皮制成地毯、织物和皮革。该作品由一家专门从事材料研究和概念设计的设计工作室制作，通过对新材料的研究，提高人们对纺织业、皮革业和食品行业的社会环境问题认识，将可持续发展理念和产品设计融为一体。

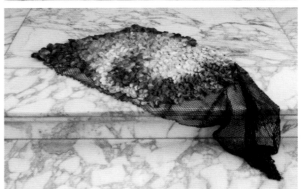

图 10-3-1　渔网概念设计

　　由于鱼有不同类型的结缔组织，将鱼皮制作成一张凳子（图10-3-2），比普通皮革更结实，所有材料都可降解。当不能再使用或回收时，将它们堆肥，再次成为土壤的一部分。

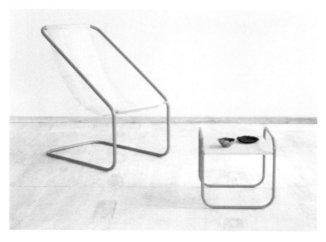

图 10-3-2　凳子设计

如图 10-3-3 所示，这是一款基于传感器的骰子棋盘游戏，通过游戏让玩家更多地了解我们的星球，旨在激发玩家的好奇心，激发玩家的乐趣去探索。

Phuoc Nguyen 的 E-Wheel 是一款脚踏电动轮胎，为骑手提供踩踏板的新体验。可放置到的传统的折叠自行车中，并用无线技术进行远程控制和电池充电（图 10-3-4）。

图 10-3-3　Mansour Ourasansh 概念设计

图 10-3-4　E-Wheel 概念设计

如图10-3-5所示，这是一款互动地毯，可以促进婴儿的智力成长和发育。闪光灯作为吸引，声音作为奖励来鼓励婴儿爬行。

在帐篷里露营是一件不舒服的事情，尤其是在又冷又湿的气候中，普通帐篷会将湿气和热气积累下来，从而使人产生不适感，而如图10-3-6所示的这款帐篷由The North Face开发，采用一种超透气的防水面料，运用纳米纺孔技术，质感轻盈。

（二）项目实作

1.知识复习

问题1：看一看，查一查，图10-3-7（a）~（c）所示的创新材料你认识哪些？

问题2：猜一猜，图10-3-7（d）~（i）所示材料属于创新材料的哪一类？

问题3：讨论一下创新材料与传统材料的区别。

2.项目实训

设计一款概念产品。

素质目标

（1）培养学生对加工工艺链接设计造型的意识。

（2）培养学生勇于探索、善于实践的创新精神。

（3）培养学生的节能环保意识。

知识目标

（1）了解创新材料的定义、性能要求及种类。

（2）理解创新材料在开发应用中必须考虑的因素。

（3）掌握3D打印技术的原理。

（4）掌握常用的3D打印技术。

能力目标

（1）能利用3D打印技术进行产品概念设计。

（2）能根据产品需求选择合适的创新材料。

（3）能根据产品的造型选择合适的加工工艺。

（4）具备创新材料的设计造型能力。

1st mode tits the bobies who just start crawing.

1.A baby fee's curious to the fioshing light.

3.He gets interested and would love to keep playing.

2.So he crasfs to touch the light arco and there a short

4.The calars and arca of the light shows randomly.

图 10-3-5　互动地毯概念设计

图 10-3-6　产品概念设计

（a）

（b）

（c）

（d）

（e）

（f）

（g）

（h）

（i）

图 10-3-7　知识复习图

第四节　学生作品赏析

一、防冲撞户外移动电源

如图 10-4-1 所示，该产品是一款以双边防冲撞条为主，保护使用者腿部安全的户外充电产品。硬朗的三角外观造型选用质感柔软的软胶材质，在视觉和触觉上形成强烈的对比。配色选用静谧黑和热情橙，将产品的视觉对比度拉到最大值。材质的坚硬与柔软、色彩的静谧与热情，象征着城市人群对户外的美好向往。侧边带有根据电量变化的 LED 灯条，时刻让使用者了解产品电量情况。

图 10-4-1　防冲撞户外移动电源　作者：陈冠伊

二、二手烟净化器

为解决室内二手烟问题，学生精心设计了一款小型二手烟净化器外壳（图10-4-2）。借助3D打印技术，设计者完成了外观模型的打印和装配。3D打印技术能完成设计创意到设计产品的快速成型，在这其中，3D打印材料起到不可或缺的作用。

图 10-4-2 3D打印二手烟净化器　作者：曹涛

后　记

在多年的教学和研究过程中，我深刻认识到产品设计中的材料与工艺是如何影响设计实践和创新的。《产品材料与工艺》这本教材旨在为初学者提供一个系统的学习路径，以便他们更好地理解和掌握不同材料的特性及其加工工艺。在编写过程中，我力求将理论与实际案例相结合，帮助学生在实践中提升创新思维并掌握科学的设计方法。

由于篇幅有限，教材中无法覆盖所有与材料和工艺相关的知识和方法。希望读者在学习本教材的基础上，继续深入探索，结合更多的实践经验，不断完善和提升自身的设计能力。同时，感谢多年来在教学和研究中给予我支持和灵感的同行和学生们，你们的反馈和建议对本书的完善起到了关键作用。

由于编者学识和经验的局限，书中难免有不足之处。恳请广大读者批评指正，以便我们在未来的版本中不断改进和完善。

编者

2024年7月